Günther Sator **Business Energy**

Günther Sator **Business Energy**

Mehr Erfolg, Zeit und Geld
durch geschicktes Energie-Management

orell füssli Verlag AG

© 2006 Orell Füssli Verlag AG, Zürich

www.ofv.ch

Alle Rechte vorbehalten

Umschlagabbildung: gettyimages (Agri Press)

Umschlaggestaltung: Andreas Zollinger, Zürich

Druck: fgb • freiburger graphische betriebe, Freiburg i. Brsg.

Printed in Germany

ISBN 3-280-05170-3

ISBN 978-3-280-05170-2

———

Bibliografische Information der Deutschen Bibliothek

Die Deutsche Bibliothek verzeichnet diese Publikation in der

Deutschen Nationalbibliografie; detaillierte bibliografische

Daten sind im Internet über http://dnb.ddb.de abrufbar.

Inhalt

Vorwort

Wie Sie mit diesem Buch Business Energy auftanken

Spüren Sie es? Alles um uns ist Energie! Wir sind immer und überall von einem Feuerwerk unsichtbarer Schwingungen umgeben, beruflich wie privat. Viele dieser Frequenzen fördern unser Wohlbefinden. Andere verursachen Stress, machen uns krank oder schwächen unsere Leistungsfähigkeit. Wer zu viele negative Einflüsse in seinem Leben duldet, wird bald auch im beruflichen Abseits landen.

Ein Beispiel: Kennen Sie auch Menschen, die selbst dem Motiviertesten in kürzester Zeit jede Freude an einer Tätigkeit verderben können? Schützen Sie sich vor solchen «Energieräubern» – egal, wo sie Ihnen begegnen: am Arbeitsplatz, in der Beziehung, im Wohnumfeld, bei Freunden oder in der Familie.

Doch es gibt auch das wohltuende Gegenbeispiel: Menschen, Orte, Dinge und Ereignisse, die uns aufbauen und so richtig gut tun. Von diesem verlockenden Kuchen werden wir uns ein besonders großes Stück abschneiden. In diesem Buch erfahren Sie,

- warum der Schlüssel zu Ihrem erfolgreichen Leben im richtigen Umgang mit Ihrer Lebensenergie liegt,
- wie Sie als «Magnet» positive Energien und Ereignisse geradezu anziehen können,
- warum es wichtig ist, auszuwählen, mit wem und womit Sie sich umgeben,
- wie Ihre Gedanken und Gefühle Ihr Schicksal prägen,
- dass nichts «zufällig» geschieht – alles ist mit Ihnen selbst verbunden,
- dass «äußere Umstände» als Ausrede für Misserfolg nicht gelten,
- wie Sie sich von Energieräubern und hemmenden emotionalen «Programmen» lösen, und
- mit welchen «Brennstoffen» Sie Ihre Erfolgs-Energie auftanken können.

Ihr Nutzen

Die meisten Menschen träumen irgendwann den Traum vom «guten» Leben, von beruflichem Erfolg und privatem Glück. Doch nur geschätzte 5 Prozent dieser Menschen verfolgen ihre Träume und verwirklichen ihre Ziele auch konsequent. Woran liegt es, dass diese Menschen mehr erreichen als die restlichen 95 Prozent?

Die von vielen Menschen angeführten «Umstände» dürfen nicht als Entschuldigung gelten. (Weshalb ich das so überzeugt behaupte, lesen Sie etwas später.) Unterschiedliche Begabungen und Talente hin oder her – in jedem von uns schlummert mehr Potenzial, als wir zumeist nutzen. Häufig liegt die Ursache dafür in folgendem Kernproblem: *Fast alle Menschen stecken in ihren eigenen Strukturen fest.*

Das heißt: Wer wir sind und wie wir in unserem Inneren «ticken», beeinflusst den Mut, unser Schicksal in die Hand zu nehmen. So lange wir uns durch alte «emotionale Pogramme» treiben lassen, wie eine Schafherde vom Hirtenhund, werden wir schwer zu einem erfüllten und zufriedenen Leben finden.

Durch nicht genutzte Möglichkeiten und Talente geht nicht nur der Gesellschaft viel verloren, sondern auch jedem einzelnen Menschen. Wo ist uns auf unserem Lebensweg der Antrieb für die wirklich wichtigen Dinge unseres Lebens verloren gegangen? Jene Triebkraft, an die wir uns womöglich noch aus unserer Kindheit und Jugend erinnern? Haben wir im Laufe unserer Sozialisation womöglich so viele Niederlagen und Tiefschläge einstecken müssen, dass wir lieber nichts Neues mehr versuchen? Vielleicht verfolgen aus diesem Grund nur so wenige Menschen ihre Ziele mit lebendiger Leidenschaft, mit Motivation, Mut, Wachheit und Konsequenz, mit Neugierde und Begeisterung.

Meine Beobachtungen dazu sind ziemlich eindeutig. Jene «Macher», die sich und ihre Ziele erfolgreich verwirklichen, haben sich das «gewisse Etwas» erhalten oder zurückerobert. Man spürt und sieht es: Ihre Augen funkeln, ihre Gesichter strahlen. Ihre besondere Ausstrahlung ist das untrügliche Zeichen von Energie – viel Energie!

Menschen mit einnehmender Ausstrahlung, Charisma und «Aura» sind nicht automatisch besser, intelligenter oder schöner als andere. Sie tragen aber eine so starke «Vibration» in sich, dass sie überall ihren «Eindruck» hinterlassen. Sie sind nicht nur selbstbewusster als andere, sondern sie drücken ihrer Umgebung einen Stempel auf. Ist also Erfolg im Leben und im Beruf ein unmittelbares Ergebnis von Energie? Ja, und nochmals ja!

Was tun?

Wir Menschen verstehen offenbar nicht viel von Energie. Wir begreifen nicht, dass der Energiefluss auf dem Prinzip des Austauschs basiert: Was man wegnimmt, muss man wieder nachfüllen. Ohne Energie funktionieren wir nicht – ebenso wenig können Sie endlos weit mit einem einzigen vollen Benzintank fahren.

Essen und Schlaf sind zum Auffüllen unserer menschlichen Batterien enorm wichtig. Sie geben uns jedoch nicht alles, was wir in unserer immer schnelllebigeren und stressigeren Zeit brauchen. Um für diese steigenden Belastungen gewappnet zu sein, müssen wir unser «Energiereservoir» ständig auf hohem Level halten.

Genau da liegt das Problem. In den letzten Jahren verringert sich die Lebensenergie fast überall. Ein besonders dramatischer Energieverfall ist in unseren Nahrungsmitteln feststellbar. Unsere Nahrung enthält durch Denaturierung und immer stärkere Bearbeitung zwar immer noch viel Brennenergie (in Form von Kalorien). Der Anteil an Vitalstoffen hingegen ist in den letzten 20 Jahren um bis zu 70 Prozent zurückgegangen. So geht uns langsam, aber sicher der «Saft» aus.

Lassen Sie sich ja nicht täuschen. Unsere Gesellschaft wird zwar immer dynamischer. Was aber tatsächlich steigt, sind Hektik, Stress – und letztlich Disharmonie. Es überrascht nicht, dass sich immer mehr Menschen überfordert, verunsichert und ausgebrannt fühlen. All das geht auf Kosten eines gesunden, harmonischen und kraftvollen Lebens.

Energy-Tipp:
Denken Sie über Ihre persönlichen Energieressourcen nach. Wie viel Energie verbrauchen Sie täglich durch Ihre Arbeit, Ihren Kontakt zu anderen Menschen, Ihre Besorgungen und Ihre normalen Tageserlebnisse? Fühlen Sie sich ausgelaugt, wenn Sie nach Hause kommen?

Statt leerer Kalorien im Essen bräuchten wir mehr vitale Lebensmittel. Analog dazu haben viele Menschen ihre häufig inhaltsleere Lebensgestaltung satt, die stumpfe mediale Dauerberieselung, die unkreativen Freizeitbeschäftigungen, den monotonen Job, die Einheitsmode und ihre oberflächlichen Beziehungen. Viele Menschen sehnen sich nach echter Lebendigkeit, Offenheit und Ehrlichkeit, authentischen Erfahrungen und Gefühlen.

Uns tut alles gut, wobei wir uns «lebendig» fühlen. Wer beruflich und privat so häufig wie möglich verwirklicht, was am besten zu ihm passt, und weitestgehend vermeidet, was schwächt und Zeit vergeudet, wird dieses Ziel erreichen. Doch wer von uns weiß überhaupt, was uns gut tut und was wir besser lassen sollten?

Wir vergeuden auf diese Weise eine Menge Kraft und Zeit. Der Stress steigt, wir fühlen uns unfrei und unglücklich. Auch Existenzängste und Abhängigkeiten sind enorme Energieräuber.

Immer neue Management-Methoden zeigen uns keinen Ausweg aus dieser Sackgasse. Auch der Ruf nach einer anderen Politik bringt nichts. Selbst ein Mehr an Freizeit kann das Problem nicht lösen. Warum?

Wir müssen lernen, auf intelligente Weise mit unserer Lebensenergie umzugehen, der wichtigsten unserer Ressourcen. Ohne Energie läuft gar nichts.

Business Energy: Die Methode

Wenn Sie die Strategien dieses Buches umsetzen, werden Sie Ihre persönliche Energie-Bilanz dauerhaft verbessern. Sie werden lernen, wie Sie mehr von dem in Ihr Leben holen, was Ihnen gut tut. Gleichzeitig bauen Sie Belastendes Schritt für Schritt ab.

Die Tipps und Methoden sind einfach, logisch und rasch umsetzbar. Egal ob Sie quer durch das Buch «surfen» oder schrittweise Ihr Konzept erarbeiten: Ermitteln Sie Ihre persönlichen Kraftpotenziale. Setzen Sie diese so schnell wie möglich um. Das Buch macht Ihnen dies leicht. Die vorliegenden Seiten beschreiben das Prinzip Energie in allen für Sie wichtigen Facetten.

Gerade im Business bewegen unglaublich unwissende Menschen unglaublich viel Energie. Dementsprechend dilettantisch gehen diese Menschen damit um. Wer es versteht, die Energie richtig einzusetzen, wird – in allen Lebensbereichen – erleben, wie sich vieles zum Besseren verwandelt und die Lebensqualität spürbar steigt.

Der von mir neu geschaffene Begriff «Business Energy» will auf dieses große Potenzial aufmerksam machen. So wie es kein menschliches Leben ohne Energie geben kann, gibt es auch kein Business ohne Energy.

Das erwartet Sie im Buch

Kapitel 1: Was Menschen wirklich brauchen: Energie und Harmonie

Kapitel 2: Tests und Analysen – erforschen Sie Ihr eigenes Leben

Kapitel 3: Maßnahmen für mehr Lebensenergie

Kapitel 4: Weiterführende Tools und Tipps für alle Lebenslagen

Sie erfahren auf den folgenden Seiten alle Grundlagen zum Thema Lebens-Energie.

Im zweiten Kapitel bringen Sie mit informativen Tests mehr über sich selbst in Erfahrung. Sie können Ihre prägenden Lebensbereiche einzeln betrachten.

Kapitel drei zeigt Ihnen, wie Sie belastende Energien effizient und vollständig aus dem Körper verabschieden. Sie sehen, wie Sie Ihre Veränderungswünsche in die Tat umsetzen können.

Im vierten Kapitel schicke ich Sie mit einer Reihe zusätzlicher wertvoller Tipps für Ihr Berufs- und Privatleben auf die Reise.

Kapitel 1

Öffnen Sie Ihrem Erfolg die Tür

Zwei Haupteinflüsse prägen unser Leben: die Welt um uns und die Welt in uns. In der Außenwelt beeinflussen uns Familie, Freunde und andere wichtige Menschen. Zu diesen Einflüssen zählen ebenso unser kulturelles Umfeld, die Orte, an denen wir uns aufhalten, unsere Wohn- und Arbeitsplätze, die Bücher, die wir lesen, und unsere Nahrung. Diese äußeren Einflüsse vermengen sich mit unseren Persönlichkeitsmerkmalen. Das Leben läuft nicht für alle gleich ab. Wir gestalten es anhand unserer individuellen Prägungen, der Eigenschaften unseres Charakters und unserer Veranlagungen. Jeder Mensch ist ein individueller Mix aus teils bewusstem, teils unbewusstem Denken, Fühlen und Handeln.

Yin und Yang – Leben in Balance

Ein harmonisches Leben führen wir, wenn unser äußeres Umfeld und unser persönliches Leben in Balance sind. Wir können unsere Entwicklung mit einer vernünftigen Mischung aus Aktivität (Yang) und Ruhe (Yin) vorantreiben. Wir handeln zielgerichtet (Yang) und finden genug Muße und Regenerationsmöglichkeiten, um innezuhalten, nachzudenken und aufzutanken (Yin). «Yin» und «Yang» bezeichnen diese gegensätzlichen Energien.

Yin und Yang treten paarweise auf. Sie sorgen gemeinsam für Harmonie und Ausgeglichenheit. Das Yang kann ohne das Yin nicht sein: Die Helligkeit kann nicht ohne die Dunkelheit sein.

Wärme gibt es nur, weil auch Kälte existiert. Der Plus-Pol einer Batterie benötigt den Minus-Pol. Ebenso ergänzen sich Männliches und Weibliches.

Problematisch wird es immer, wenn wir entweder Yin oder Yang auf Kosten des anderen überbetonen, sei es bewusst oder unbewusst. Die richtige Dosierung von Yin und Yang ist daher wichtig. Sollte einer der beiden Pole übermächtig werden, führt dies zu Ungleichgewicht. Wir müssen ein solches rechtzeitig korrigieren, bevor die Gesetze des Universums von selbst für einen Ausgleich sorgen. Warum? Alles in der Natur strebt nach Balance. Meist macht uns der automatische Ausgleich aber nicht glücklich. Wer mit seinem Körper Raubbau treibt, ihn dauernd überlastet (Yang), darf sich nicht wundern, wenn ihn Krankheit oder Herzinfarkt ruhig stellen (Yin).

Wir brauchen uns deshalb nicht mit dem Mittelmaß zufrieden geben, ganz im Gegenteil. Aber wenn Sie sich an einem langen Leben in Balance erfreuen möchten, sollten Sie nach jeder Extrembelastung (zum Beispiel viele Überstunden, wenig Schlaf) für den passenden Ausgleich sorgen.

Wir müssen unsere Schwachstellen erkennen und dort für Ausgleich sorgen. Das ist im beruflichen und privaten Umfeld wichtig – diese Bereiche beeinflussen einander wechselseitig.

Die Belohnung: Sobald man seine Schwachstellen auflöst, verändert sich das Leben – nicht mehr und nicht weniger! Was wir «Erfolg» nennen, entsteht dann fast von selbst. Sie haben es vielleicht schon erlebt: Fließen die Energien erst einmal, entsteht eine positive und machtvolle Eigendynamik. Die Dinge entwickeln sich nahezu von selbst.

Wir kennen diesen Zustand des «Flow» aus glücklichen Phasen unseres Lebens (etwa wenn wir verliebt waren). Dann sind wir mit uns und der Welt in Harmonie. Mit Business Energy werden Sie diesen Zustand öfter und immer länger erleben – es ist Ihr erster Schritt zur Energie-Meisterschaft.

Probleme sind Zeichen für Einseitigkeit

Probleme haben immer eine Ursache. Sie entstehen nicht aus heiterem Himmel, sondern auf dem passenden Nährboden. Probleme weisen uns auf eine Einseitigkeit hin, die man so rasch wie möglich verändern sollte.

Es hat daher keinen Sinn, das Symptom zu bekämpfen. Betrachten Sie die unangenehme Situation am besten als Einstiegsmöglichkeit in das Thema. Dann kommen Sie den Ursachen für Ihr Problem wahrscheinlich rasch auf die Spur.

Symptombekämpfung ist leider im heutigen Wirtschaftsleben ein bevorzugtes Instrument geworden. Führungskräfte zeigen lieber ihre Initiative und Tatkraft, indem sie Mitarbeitern kündigen – statt beispielsweise den Mut zu haben, eine marode Strategie im Unternehmen zu verändern. Es liegt auf der Hand, dass sich dies negativ auf die Motivation und Arbeitsfreude der Angestellten auswirkt.

Dem Resonanzgesetz zufolge (Seite 23) geschieht ein belastendes Ereignis nie zufällig und ohne eigene Beteiligung. Das bedeutet nicht, dass Sie selbst diese Umstände (mit) verursacht haben. Das Gesetz macht aber deutlich: Wir werden mit nichts konfrontiert, wozu wir nicht in Resonanz stehen. Selbst die unangenehmste Job-Situation hat einen Bezug zu Ihnen – ganz gleich, ob Sie Angestellter, Führungskraft oder Unternehmer sind.

Energetische Felder

Was geschieht auf einer physiologischen Ebene, wenn wir zum Beispiel vor einer neuen Herausforderung stehen? Jeder Gedanke löst im Körper einen chemischen Prozess aus. Neuropeptide, die Botenstoffe des Gehirns, sind die chemische Entsprechung unserer Gedanken. Sie finden sich nicht nur im Gehirn, sondern im ganzen Körper. Unser Gedanke ist somit im ganzen Körper real und physisch anwesend.

Gleichzeitig entsteht bei jedem Gedanken ein elektromagnetisches Feld, das so genannte Gedankenfeld (*thought field*, Callahan). Etwas für uns Alltägliches wie ein Gedanke ruft im gleichen Augenblick konkrete Energien im Körper hervor. Moderne Messungen bestätigen, was unsere Vorfahren in praktisch allen Kulturen wussten: Sie sahen den Menschen als Energiewesen, das durch seine Handlungen, seine Gedanken und Gefühle ständig im energetischen Austausch mit allen um sich steht.

Die chinesische Kultur bezeichnete die universelle Lebenskraft, die auch im Menschen wirkt, als Chi. In der japanischen Kultur hieß sie Ki. Das indische Sanskrit nennt die Energie Prana. Der Begriff Energiequanten stammt aus der Quantenphysik.

Harold Saxon Burr unternahm an der Yale University Messungen der elektromagnetischen Felder von Bäumen, Tieren und Menschen. Er nannte diese Energiefelder *Life Fields* (Lebensfelder) oder *L-Fields*.

Der Mensch ist ein Energiewesen

Auf diesen Erkenntnissen baut ein neuer Wissenschaftszweig auf: die Energetische Psychologie. Diese Forschungsrichtung beschäftigt sich mit dem Zusammenspiel zwischen Energie, Mensch und Umfeld. In Forschungen wurde festgestellt: Unser Körpergedächtnis arbeitet verlässlich von Beginn des Lebens an. Unser Körper speichert alle wichtigen Erfahrungen, die wir machen, als Informationen. Er tut das an bestimmten Punkten entlang der Energiemeridiane. Unter Energiemeridianen versteht man ein Energiesystem des Menschen, das vor rund 5000 Jahren in China entdeckt wurde. Demzufolge verteilen Energiemeridiane die energetische Information im ganzen Körper.

Um ein Leben in Gleichgewicht, mit Gesundheit, Harmonie und Glück zu erfahren, muss die Energie frei und ungehindert durch den Körper fließen. Jeder Energiemeridian sollte über die gleiche Menge an Energie verfügen. Bestimmte äußere Erfahrungen und Erlebnisse können einen Meridian so blockieren, dass das Energiesystem unterbrochen wird und aus dem Gleichgewicht gerät.

Das Fatale: Störungen in Ihrem Energiegleichgewicht beeinflussen Ihr ganzes Leben. Nach einem traumatischen Erlebnis etwa reagiert Ihre Energie jedes Mal, wenn Sie daran denken oder in eine vergleichbare Situation geraten, wieder so, als würden Sie alles noch einmal erleben. In der Folge klammern wir bestimmte Themen lieber aus, um nicht nochmals hinschauen zu müssen. Wir tun genau aus diesem Grund häufig Dinge, von denen wir eigentlich wissen: Sie tun uns nicht gut. Trotzdem können wir nicht anders handeln. Wir fühlen uns unfähig, dieses Problem zu lösen. Damit bieten wir gleichzeitig Angriffsfläche für weitere, ähnliche Probleme. Auch wenn Ihr Geist das eine oder andere Problem längst vergessen haben mag – Ihr Körper erinnert sich an alles.

Lösen Sie erst die Blockade im Energiesystem, dann das Problem

Die Formel «Problem erkannt – Problem gelöst» stimmt für emotional belastende Themen nicht. Viele Menschen scheitern deshalb mit den besten Vorsätzen. Sie können nicht anders, als bei der nächsten Gelegenheit nach demselben alten Muster zu handeln (und sich hinterher darüber zu ärgern). Die konkreten Situationen sind zu tief in ihr Nerven- und Energiesystem eingraviert. Sie scheitern nicht an fehlendem Wissen oder Fähigkeiten (wie manche Selbsthilfe-Ratgeber vermitteln wollen). Vielmehr verhindern dahinter liegende energetische Blockaden eine Lösung.

Ist unser Energiesystem erst einmal im Ungleichgewicht, fühlen wir uns außerstande, unsere Ziele zu erreichen oder unser Leben nach einem belastenden Ereignis gesund weiterzuleben. Viele unserer Probleme hängen mit einem energetischen Ungleichgewicht zusammen: Unordnung, Zu-spät-Kommen, Schlamperei, Ängste, Konflikte, Stress, Workaholismus, Ärger, Phobien, Depressionen, Allergien, Schuldgefühle, Nervosität, Süchte, Ruhelosigkeit, Abhängigkeiten, Scham, Unsicherheit, Unglücklichsein, Selbstwertmangel, Schwäche im Immunsystem und viele weitere.

«Wenn Sie mit einer Situation konfrontiert werden, in der Sie ein Energie-Ungleichgewicht haben, dann reicht Ihre Energie nicht aus, damit fertig zu werden. Sie greifen dann auf Verhaltensmuster zurück, die an dieses niedrige Energieniveau gekoppelt sind.» (Gallo/Vincenzi)

Das sprichwörtliche gebrannte Kind scheut das Feuer.

Wir können ein Problem erst lösen, wenn unsere Energien wieder im Gleichgewicht sind. Dazu benötigt unser Körper einen von außen kommenden Anstoß, genau wie dies bei der Entstehung von energetischen Blockaden geschehen ist. Geben Sie ihm diesen Impuls, indem Sie sanft auf bestimmte Akupunktur-Punkte klopfen. Kombinieren Sie das Klopfen mit Übungen, die das Gehirn neu ausrichten. Dadurch bringen Sie Ihre Energien wieder ins Fließen. (Die vollständige Beschreibung finden Sie auf Seite 130ff.).

Ziehen Sie Lebensglück und Business-Erfolg an

«Zufall ist nur der Name für ein uns unbekanntes Gesetz.»

So bezeichnet das rund 5000 Jahre alte Kybalion die Zusammenhänge des Lebens. Man könnte auch sagen: Nichts geschieht zufällig, alles ist mit allem verbunden. So oder ähnlich hätte es ein weiser asiatischer Energie-Meister vergangener Epochen beschrieben.

Wir kennen es alle: Sind wir gut gelaunt und fröhlich, scheint alles wie von selbst richtig zu laufen. Sind wir verliebt, trägt die ganze Welt unsere Euphorie mit. Die Sonne lacht uns nicht nur privat – auch beruflich oder finanziell erleben wir Glücksmomente. Aber wehe, wenn unsere Gemütslage einmal angeknackst ist. Haben wir einen schlechten Tag (was in Mitteleuropa häufiger vorkommt als die guten Tage), dann geht manches daneben: Der Zug fährt uns vor der Nase davon, im Job gibt's Frust, und am Abend streiten wir uns noch mit dem Partner oder der Partnerin.

Glückliche Menschen treffen offensichtlich kluge Entscheidungen. Der britische Wissenschaftler Richard Wiseman hat sich in einer umfassenden Studie mit dem Thema «Glück» beschäftigt. Er hat bewiesen, dass Glück nicht mit Zufall, Astrologie oder überirdischen Mächten erklärbar ist. Es ist über weite Strecken hausgemacht. Wiseman untersuchte Glückspilze und Pechvögel. Er stellte fest, dass die Grundschwingung eines Menschen – ihre Energie – darüber entscheidet, ob sie häufiger Glück oder Pech im Leben haben. Richard Wiseman drückte es sinngemäß so aus: «Glückspilze erwarten, dass sie Glück haben werden.» Für einen Glückspilz ist es selbstverständlich, auf Partys interessante Leute kennen zu lernen, ein schönes Leben mit einem tollen Partner zu genießen und einen interessanten, gut bezahlten Job zu finden. Glückspilze rechnen damit, ihr Leben auf der Sonnenseite zu leben. Solche Menschen denken nicht nur anders, sie fühlen anders und strahlen etwas anderes aus als Pechvögel. Ihre Gedanken- und Gefühlsenergien sind tendenziell *positiver* als bei den Unglücksraben. Wir sehen also: Alles beginnt in unserem Inneren.

Eine Studie aus dem Jahr 1972, veröffentlicht von Louis Langman, belegt auch einen Zusammenhang zwischen Energie und Krankheit. Die Studie zeigte einen deutlichen energetischen Unterschied auf zwischen kranken und gesunden Menschen. Forschungen zufolge haben 95 Prozent der Krebspatienten und Patientinnen negative Polarität; bei gesunden Menschen sind das nur fünf Prozent. Ein gut gefüllter Energietank stellt demnach die beste Gesundheitsvorsorge dar.

Geben Sie Ihrem Leben eine Richtung

Was möchten Sie in Ihrem Leben erreichen? Und was in Ihrem Beruf? Was antworten Sie darauf spontan? Ich höre darauf meist Aussagen wie: «Ja, ich weiß genau, was ich will: mehr Geld, einen besseren Job, gute Gesundheit und eine tolle Partnerschaft.» Achtung: Wenn Sie sich ebenfalls gern solche unklar formulierten Zukunftsbilder ausmalen, ist Ihr Misserfolg vorprogrammiert.

Mit Zukunftsbildern ist es so ähnlich, wie wenn wir jemanden um einen Gefallen bitten: Wir müssen präzise ausdrücken, was wir möchten. Wie soll derjenige sonst wissen, was er oder sie für Sie tun kann? Er oder sie könnte nur raten. Die Folge wäre wahrscheinlich, dass nichts oder das Falsche geschieht.

Ähnlich konkret sollten wir unsere Energien lenken, die unser Business- und Privatleben steuern. Wie das geht und was jeder Einzelne tun kann, davon handelt dieses Buch.

Dabei dürfen wir nicht die Energie-Gesetze der Physik vergessen. Energie kann in atomarer, thermischer, elektrischer oder kinetischer Form (Bewegung, Geschwindigkeit) auftreten oder als Potenzial. Wichtig: Energie bleibt immer erhalten. Sie kann nicht zerstört werden oder verschwinden. Energie kann nur eine andere Form annehmen.

Materie besteht aus Atomen. Atome haben einen Kern aus Protonen und Neutronen. Elektronen umkreisen den Kern in definierten Bahnen bzw. Energielevels. Mit einem Mehr an Energie nehmen die Elektronen eine entferntere Umlaufbahn an. Mit einem Weniger an Energie sinken sie auf eine nähere Umlaufbahn. Werden die Atome durch eine bestimmte Schwingung (etwa einen Gedanken) auf ein bestimmtes Ziel ausgerichtet, entsteht ein kraftvolles, in eine Richtung ziehendes Energiefeld – wie bei einem Magneten (siehe nächste Seite).

Jedes leidenschaftliche Ziel bündelt Energie

Wir können dieses Naturgesetz, wonach sich alles nach bestimmten Energien ausrichtet, auch auf uns Menschen übertragen. Sobald wir mit Kraft und Leidenschaft ein konkretes Ziel anstreben, schwingen unser Körper, Geist und unsere Seele im Einklang mit diesem Thema.

Das klingt anstrengend, geschieht aber in Wirklichkeit von selbst. Wir funktionieren ähnlich wie ein Stück Eisen, das man magnetisiert. Die Ausrichtung der Atome (Polarisierung) macht ein normales Metallstück plötzlich anziehend für anderes Eisen. So lange kein solches in der Nähe ist, «schläft» der Magnet. Aktiv wird er erst durch das Zusammenspiel mit seinem Gegenstück.

Für uns Menschen bedeutet das im übertragenen Sinn: Alles, was wir mit intensiven Gedanken und Gefühlen aufladen, wird genau dadurch wichtig für uns. Wir selbst entscheiden, womit wir in Resonanz gehen – und was uns nicht berührt. Der einzelne Mensch handelt je nach seiner Prägung selbst in vergleichbaren Situationen individuell anders.

Unsere unbewussten Programmierungen machen uns zum «Magneten» für unser individuelles, persönliches Schicksal. Nicht die «Sterne» bestimmen unser Wohlergehen, sondern das, was wir aus unseren Anlagen machen. Wir können alle unser individuelles Schicksal verändern – wenn wir uns dazu entscheiden und aktiv werden. Dafür möchte ich Ihnen in diesem Buch die nötigen Werkzeuge in die Hand geben.

Ein Beispiel: Visionär denkende Menschen treffen weitaus eher als Pessimisten auf die passenden Entscheidungsträger, mit denen sie ihre Ideen verwirklichen können. Umgekehrt ziehen manche Menschen Schwierigkeiten und Katastrophen nur so an, immer oder zumindest in bestimmten Phasen. Sie tragen als selbst ernannte Realisten ein negatives Weltbild mit sich herum und warten geradezu auf Enttäuschungen. Es erscheint naheliegend, dass sich unter solchen Umständen kaum große Leistungen, Erfüllung und Erfolg einstellen.

Man nennt diesen Resonanz-Zusammenhang auch das *Gesetz der Anziehungskraft*. Dies ist weder ein abgehobener New-Age-Aberglaube noch eine besonders überraschende Erkenntnis. Es ist ein Naturgesetz, das jedem Atom unseres Körpers zeigt, was es zu tun hat – egal ob wir darüber Bescheid wissen oder nicht.

Überwinden Sie hinderliche Überzeugungen

Können Sie sich vorstellen, bald 20 Prozent effizienter zu arbeiten und die gewonnene Zeit für sich zur Verfügung zu haben? Nein? Schade! Das ist nämlich einer der Nebeneffekte des Energy-Trainings in diesem Buch. Wenn Sie dieses Ergebnis nicht einmal theoretisch für möglich halten, werden Sie es wohl gar nicht probieren.

Wir haben es hier mit einer menschlichen Schwachstelle zu tun: Wir bewerten gern alles aus der Sicht unserer bisherigen Erfahrungen. Doch diese bieten uns häufig keine gute Orientierungshilfe – sind doch die meisten Menschen mit recht durchschnittlichen Prägungen und Vorbildern aufgewachsen.

Eine Sache ist nicht unmöglich, nur weil wir sie nicht kennen oder weil sich bisher niemand daran versucht hat. Tun Sie sich daher folgenden Gefallen: Beobachten Sie, wann und wo sich beim Lesen dieses Buchs Ihr innerer Zweifler, Besserwisser und Nein-Sager zu Wort meldet. Er wird sich spätestens beim Abschnitt EFT (Seite 130) zu Wort melden. Wenn es dort darum geht, hemmende Programmierungen endgültig los zu werden, wird er keck meinen: Wenn es so einfach wäre, wieso macht das nicht jeder?

Die Botschaft ist klar: Wenn jeder das Gleiche macht wie alle anderen, gibt es keinen Fortschritt. Erlauben Sie sich diese eine Chance. Halten Sie zumindest so lange durch, wie es dauert, dieses Buch zu lesen und Ihre ersten eigenen Versuche durchzuführen. Das genügt – alles, was Sie brauchen, sind ein paar kraftvolle, positive Ergebnisse. Was wird Ihr kleiner Besserwisser dann zu sagen haben? Ganz verschwinden soll er ja nicht. Mit einem gesunden Maß an kritischem Urteilsvermögen erkennen und vermeiden wir schließlich Irrtümer und Irrwege.

Energy-Tipp:
Bevor Sie Ihrem inneren Zweifler auf den Leim gehen, blättern Sie zu
Seite 135: Bearbeiten Sie Ihre negative Erwartungshaltung mit der
dort vorgestellten Methode. Man muss ab und zu einen ungewöhnlichen Weg gehen – selbst wenn das bedeutet, das Buch von hinten
nach vorne zu lesen.

Sie haben die Macht über Ihre Energie

Niemand da draußen hat den Funken einer Chance, Ihnen Energie zu rauben – wenn Sie es nicht zulassen oder gar selbst so arran-
gieren! Schließlich «rufen» wir unbewusst genau jene Menschen,
Situationen, Jobs, Mitarbeiter, Vorgesetzten, Partner, Freunde etc.
in unser Leben, die zu unserer Schwingung passen.

Hier ist noch ein «Geheimnis»: So komplex wir Menschen
scheinbar «funktionieren» – die meisten unserer Prägungen sind
einfach und überschaubar. Wir haben diese Prägungen auf Grund
bestimmter Erfahrungen gespeichert. Aus diesen Bausteinen zim-
mern wir unsere individuelle Realität. So entstehen unsere typi-
schen Muster: Wie wir privat und beruflich handeln, ob wir zum
Beispiel auf unsere Gesundheit achten, zu unseren Freunden stehen, ob wir uns sozial engagieren oder gerne reisen.

Dementsprechend wichtig ist eine regelmäßige Reflexion über
unsere alltäglichen Erlebnisse. Das Leben ist unser bester Lehrmeis-
ter. Wir können so erkennen, wo wir unsere harmonische Mitte
noch nicht erreicht haben und wo wir noch etwas ändern sollten.
All dies ist das Thema dieses Buches.

Hilft Positives Denken?

Ich verstehe unter *Reflexion*, wenn wir unsere eigene Situation ehrlich betrachten. Wir tun dies häufig hervorragend bei anderen. Mit
sich selbst beschäftigen sich die meisten Menschen hingegen un-
gern. Wir verschönen auch gern unser Selbstbild. Sich die eigene

Welt schön zu reden oder mit positivem Denken zu verhübschen, macht uns nicht zu Energie-Meistern und -Meisterinnen. Unser inneres System ist viel zu schlau und zu komplex, als dass wir uns eine perfekte heile Welt einfach so einreden könnten.

Verstehen Sie mich bitte richtig: Gute und förderliche Gedanken sind zu bevorzugen. Das Problem ist jedoch der mögliche Widerstreit, in den unsere Gedanken und Gefühle miteinander geraten können.

Wenn das, was wir uns suggerieren möchten, unseren inneren Überzeugungen widerspricht, dann wollen wir nicht richtig daran glauben. Und schon ist die zielstrebige Kraft weg, die wir für die Ausrichtung auf unsere positiven Ziele bräuchten. Das kann man mit einem Unternehmen vergleichen, in dem ein Auftrag erfüllt werden soll. Ständig kommen jedoch widersprüchliche Anweisungen.

Die Energien werden chaotisch im Kreis herumgeschickt und können nicht in eine Richtung gebündelt werden. Genauso ist es mit positivem Denken, das auf Widersprüche stößt.

Was zurückbleibt, ist Frustration und Unsicherheit: «Ich schaffe es nicht, positives Denken hilft mir nicht», so lauten enttäuschte Kommentare. In Wirklichkeit liegt der Fehler in der falschen Anwendung. Sich eine in Wirklichkeit miese Sache naiv schön zu reden, schadet nur und hindert den eigenen Entwicklungsprozess. Positive Gedanken wirken nur, wenn sie stimmig sind, wenn sie also mit unserem Innenleben in Einklang stehen.

Sind Sie guter Laune?

Stimmungen und Gefühle beeinflussen unsere Energie und damit unsere Ausstrahlung. Ob wir eher positive oder negative Lebenserfahrungen machen, hängt zu einem Großteil vom eigenen Innenleben ab.

Forschungen zeigen: Negative Emotionen wie Angst, Neid, Hass, Zorn oder berufliche Überforderung schwächen langfristig

Körper, Geist und Seele. Wir werden anfälliger für Krankheiten oder Unfälle und ziehen widrige Umstände geradezu magnetisch an. Umgekehrt ziehen wir Harmonie und Erfolg an, wenn wir von Freude, Liebe, Wohlwollen, Dankbarkeit, Stolz, Optimismus oder Glück erfüllt sind. Wir bringen solchen Menschen wie von selbst mehr positive Gefühle und Aufmerksamkeit entgegen als den Negativmenschen. Dass sich dies auch auf den Erfolg auswirkt, ist naheliegend.

Mit Energie Ihren persönlichen Lebens-Fahrplan wählen

«Entscheiden Sie zuerst, wer Sie sein wollen, und handeln Sie dann entsprechend», heißt es in einem Sprichwort. Sie wissen nun, dass sich Atome durch eine magnetisierende Kraft polarisieren und ausrichten (Seite 22). Ihnen ist also klar, warum Sie magnetische Ziele brauchen: So werden Sie Ihr Leben mehr und mehr auf die positive Seite bewegen. Bedenken Sie: Nach dem Gesetz der gegenseitigen Anziehung bekommen wir mehr von dem, worauf wir unseren Fokus, unsere Energie und unsere Aufmerksamkeit richten. Damit Ihre Ziele die gewollte Wirkung erreichen, sollten sie

- klar definiert sein,
- intensive Gefühle in Ihnen auslösen (siehe Seite 28),
- überprüft werden, ob Sie wirklich dran glauben können,
- immer wieder ins Bewusstsein geholt und somit aktiviert werden.

Stellen Sie sich Ihre verwirklichten Ziele möglichst oft bildhaft vor. Wie werden Sie sich fühlen? (Siehe auch Seite 147.) An große Vorhaben müssen wir uns oft erst gewöhnen. Deshalb sollten Sie Ihre Ziele schriftlich festhalten. Sie geben ihnen damit eine größere Bestimmtheit. So können Sie Ihre Ziele immer wieder durchlesen und neu fokussieren, wenn es turbulenter zugeht.

Ohne Ausnahme braucht jeder Mensch, der das Beste aus seinen Möglichkeiten machen möchte, einen solchen «Lebensfahr-plan».

Überprüfen und überarbeiten Sie ihn regelmäßig. Die grund-legende Linie wird sich selten ändern. Ziele bündeln Energien – 24 Stunden täglich, im Wachzustand ebenso wie im Traum. Klare und glaubwürdige Ziele sorgen dafür, dass jede Zelle unseres Kör-pers mitschwingt. Sie helfen, Energien in die angepeilte Richtung zu bewegen, anstatt sie, wie die meisten Durchschnittsbürger, in alle Winde zu zerstreuen.

Es gibt noch einen Vorteil dabei: Mit einem klaren Ziel vor Augen entwickeln Sie Ihre Talente und Fähigkeiten. Warum? Um zu erreichen, was Sie wirklich wollen, müssen Sie neue und unbe-kannte Wege beschreiten. Schließlich streben Sie ein «Mehr» an und geben sich nicht mit dem zufrieden, was zufällig daher-kommt.

Ihre Gefühle sind mächtige Energien

«Wie man in den Wald hineinruft, so schallt es zurück.»

Wussten Sie das? Gefühle sind der im Wirtschaftsleben am meisten vernachlässigte «Soft Fact». Gefühle beeinflussen unseren ganzen Körper sehr machtvoll. Menschen mit positiven Gefühlen sind nicht nur glücklicher, sie entwickeln auch mehr Antikörper im Blut. Sie sind gesünder als Menschen mit «grauer» Gemütsverfas-sung. Hängen vielleicht gar häufige Krankenstände auch mit der ei-genen Lebenshaltung, mit belastenden Gedanken und Gefühlen zusammen? Die Erkenntnisse der Psychoneuroimmunologie schei-nen dies zu bestätigen. Demnach existiert eine eindeutige Wechsel-wirkung zwischen psychischen Faktoren, Stress und dem Immun-system.

Unsere unsichtbare Innenwelt entscheidet nicht nur darüber,

ob wir die nächste Grippewelle unbeschadet überstehen. Sie formt auch unsere Aura: Unsere Gefühle bestimmen unsere Ausstrahlung, unser Charisma und wie wir auf Mensch und Umfeld wirken. Warum das so wichtig ist?

Wir tauschen uns beständig mit unserem Umfeld aus. Alles um uns herum reagiert darauf, wie wir «in den Wald hineinrufen». Wir «rufen» mit allen unseren verschiedenen Schwingungen: mit Worten und Taten ebenso wie auf allen anderen Kanälen, auf denen wir etwas ausstrahlen.

Laut aktuellem Wissensstand nehmen wir rund 90 Prozent unserer Informationen unbewusst auf. Unsere nonverbalen Wahrnehmungen sind aus diesem Grund so wichtig. Dazu zählen Ihre Körpersprache, Ihre Erscheinung, wie Sie sich in bestimmten Situationen verhalten – oder auch, ob sich andere Menschen in Ihrer Gegenwart heiter und motiviert oder gestresst und unsicher fühlen.

Emotionen können Energie spenden – oder rauben

Positiv	Negativ
Freude	Enttäuschung
Liebe	Einsamkeit
Sicherheit	Angst
Vertrauen	Misstrauen
Heiterkeit	Trauer
Glück	Schmerz

Bedenken Sie: Wir erhalten nach dem Gesetz der Anziehung immer mehr von dem, worauf wir unsere Aufmerksamkeit richten. Dieses Gesetz unterscheidet nicht, ob die «Lieferung» gut oder schlecht für uns ist.

Energy-Tipp:
Wir reagieren im Alltag meist unbewusst auf Situationen. Jede unserer Reaktionen beeinflusst aber unser Wohlbefinden und unsere Ausstrahlung. Üben Sie daher bewusst, Ihre Stimmung und Gemütsverfassung während eines Geschehens wahrzunehmen. Sind Sie darin geübt, können Sie sich rasch aus Ihrem negativen Kopfkino voller trüber Gedanken herausholen. Wie das geht? In sich hineinzuspüren ist *der erste Schritt*. Entscheidend ist aber, wie Sie reagieren. Ein guter Tipp: Denken Sie lieber *noch* einmal über etwas nach – und falls nötig, dann noch einmal. Sie werden erkennen: Man kann über den gleichen Sachverhalt einmal so und einmal anders denken. Mit dieser Methode werden Sie Ihre Denkmuster langsam, aber tief greifend verändern – zum Positiven!

Spüren Sie die Kraft des Unsichtbaren

Physikalisch betrachtet, ist jeder Gegenstand *Schwingung in verdichteter Form*. Nur ein geringer Teil der im Universum zur Verfügung stehenden Energien verdichtet sich zu Materie. Der Großteil aller Energien ist unsichtbar – geschätzte 95 Prozent der Materie im Weltall. Obwohl unsere Augen und Kameras diese Materie nicht wahrnehmen können, macht sie den bestimmenden Anteil aus.

Wahrscheinlich geht es auch Ihnen so: Wir nehmen nur so richtig ernst, was wir physisch wahrnehmen können. Wir halten Dinge für wesentlicher, die wir sehen, berühren oder bearbeiten können. Wir sind häufig blind für die komplexeren Zusammenhänge des Lebens. Aber: Die Dinge existieren nicht nur dann, wenn wir sie sehen oder angreifen können. Es wird für immer mehr Menschen klar: Wir klammern einen wichtigen Teil unserer Existenz aus oder bauen ihn nur unvollständig (etwa über die Religion) in unser Leben ein.

Alles schwingt – und klingt

Wussten Sie, dass jeder Gegenstand seinen eigenen «Klang» hat? Vieles spricht dafür, dass die großen Denker und Philosophen aus alter Zeit recht hatten: Das Universum ist nicht nur ein schwingendes, sondern auch ein klingendes Universum. Es ist kein toter, leerer, unwirtlicher Raum, sondern vibrierende Ursubstanz, aus der alles entstand und weiterhin entsteht – wenn auch in für uns langen Zeiträumen.

Jeder einzelne Himmelskörper hat seine spezielle Eigenschwingung, das wusste bereits der Astronom Johannes Kepler (1571– 1630). Dieser *Weltenklang* mit seinen Frequenzen prägt alles. Wir Erdenmenschen sind inmitten einer klingenden Symphonie unterschiedlichster Töne des Universums entstanden. Da sich diese Töne außerhalb des menschlichen Hörvermögens befinden, nehmen wir diese nicht bewusst wahr. Könnten wir sie hören, hätten wir ständig ein leises Rauschen in unserem Ohr – unsere «Taubheit» hat also durchaus ihren Sinn.

Dennoch nehmen wir diese Frequenzen in uns auf – über die Haut und andere, noch nicht vollständig erforschte Sinne (siehe auch Seite 165). In der Natur geschieht nichts zufällig, alles hat seinen Sinn und seine Bedeutung. Diese für uns unhörbaren Töne und Frequenzen sind daher wichtig für unsere Entwicklung und unser Wohlergehen.

Auch wir Menschen «klingen»

Unser gesamter Körper schwingt, jedes Organ hat einen eigenen «Pulsschlag». Das Rückenmark etwa liegt in einer pulsierenden Flüssigkeit. Unser Gehirn ist ein in niedrigen Frequenzen schwingendes, komplexes Feuerwerk. Die Energie-Medizin («vibrational medicine») wendet bereits vielversprechende Technologien an, die den Menschen als «Schwingendes Universum» ansprechen.

Die Erfahrungen der Energie-Medizin zeigen: Ist der natürliche Energiefluss in einem Organ oder auf einem Akupunktur-Meridian unterbrochen, materialisiert sich das Problem früher oder später als körperliche Beschwerde oder Krankheit. Der energetische Teil unseres Organismus kann als einziger mit sanften Impulsen beeinflusst werden. Was die traditionelle Naturheilkunde über Heilkräuter, Akupunktur oder andere sanfte Methoden erreichte, bewerkstelligt man heute auch durch direkte Schwingungsübertragung. Die Patienten erhalten die nötigen «Rezepturen» nicht mehr nur über das biochemische Medikament, sondern ergänzend auch energetisch: Man behandelt etwa bestimmte Meridianpunkte mit Farblicht und Klängen oder überträgt über spezielle Magnetköpfe die Schwingungen ausgewählter Heilmittel auf den Körper.

Energy-Tipp:
Unser Energiekörper ist einfach zu beeinflussen – daher stören ihn technische Felder ziemlich leicht. Mobilfunk und Elektrosmog können ein gesundes, balanciertes Leben gefährden. Mit welchen Vorsichtsmaßnahmen Sie sich vor belastenden Strahlen schützen können, erfahren Sie ab Seite 175.

Beruf und Privatleben in Harmonie schwingen lassen

Wir erringen allzu viele berufliche Siege auf Kosten unseres Privatlebens und unserer Gesundheit. Umgekehrt lassen wir uns häufig von familiären Gründen im beruflichen Weiterkommen bremsen. Egal, wie es bei Ihnen persönlich aussieht – «einbeinig» kann es Ihnen auf Dauer nicht gut gehen.

Bedenken Sie: Sie selbst sind die einzige Verbindung Ihrer beiden Welten! Auf Dauer übertüncht kein noch so großer beruflicher Erfolg Ihre privaten Wunden. Im Gegenteil, haben Sie längerfristige private Probleme, sinkt Ihre Leistungsfähigkeit im Beruf – und schon ist es vorbei mit Ihren Spitzenleistungen.

Das umgekehrte Szenario ist genauso wenig ideal. Privates Glück kann ständigen beruflichen Frust nicht ungeschehen machen. Um in allen neun Lebensbereichen (mehr ab Seite 69) im Gleichgewicht zu sein, brauchen Sie ausreichend stabilisierende Energien aus allen Richtungen.

Dass es Ihnen gut geht, sollte auch Ihrem Umfeld wichtig sein. Denn nur *wer viel hat, kann viel geben!* Erst wenn Sie in Balance bzw. Harmonie sind, verfügen Sie über Ihre maximalen Ressourcen.

Was Menschen wirklich brauchen

Welche Ressourcen brauchen wir? Damit es uns persönlich und beruflich gut geht, wir gesund und erfolgreich sein können, brauchen wir ENERGIE und viel HARMONIE. Erst wenn wir

a) genügend positive Energie für uns zur Verfügung haben und
b) alle Bereiche unseres Lebens miteinander in Balance zusammenspielen, herrscht Harmonie. Eine sportlich erfolgreiche Mannschaft spricht von einem «Run» oder «Lauf», andere nennen es «Flow».

Wichtig: *Nicht* jede Energie ist gleich förderlich. Aufputschmittel wie Kaffee, Nikotin, Medikamente, Zucker oder Energy-Drinks sind nicht wirklich hilfreich als Energielieferanten. Auch jene machtvollen Energien, die durch Nörgelei, chronischen Stress, private Sorgen oder anhaltende Beziehungsprobleme entstehen, gehören nicht dazu. Harmonie wird in unserem westlichen Denken leider fälschlicherweise mit Dingen wie «Schöner Wohnen» oder Wellness gleichgesetzt. Blicken wir stattdessen nach Asien. Harmonie steht nach chinesisch-taoistischem Verständnis für ein universelles Lebensprinzip: Es geht um ein ausgewogenes, sich ständig veränderndes Zusammenspiel der gegensätzlichen (männlichen) Yang-Kräfte mit den (weiblichen) Yin-Energien (Seite 15).

Auch der Job ist eine Sache der Resonanz

Mir ist bewusst, dass diese Gedanken für die meisten Menschen ungewöhnlich klingen. Mit meiner Annahme stehe ich aber nicht allein. Nicht einmal die unfähigsten Mitarbeiter oder Vorgesetzten, das gemeinste Mobbing oder eine überraschende Entlassung lassen sich als rein äußerliche Ereignisse wegerklären. In allen positiven und negativen Erlebnissen stecken Sie selbst als Regisseur mitten drin – wahrscheinlich, ohne sich dessen bewusst zu sein.

Achtung:

Setzen Sie Resonanz nicht mit persönlicher Schuld gleich. Das ist immer wichtig, insbesondere aber bei Ereignissen, die größer sind als der einzelne Mensch. Die Gruppenenergie ist mehr als die Summe der Einzelenergien.

Dazu ein Beispiel: Ein Sonderfall sind Massenentlassungen oder andere Gruppenereignisse größeren Stils. Hier wird das individuelle Energiefeld des Einzelnen von einem mächtigen Energiefeld einer großen Gruppe, einer Firma, einer Region oder eines Ereignisses überlagert. Dabei entsteht so etwas wie ein Gruppenschicksal mit individueller Beteiligung. Der und die Einzelne sind zwar nicht zufällig dabei, spielen aber in mehreren Rollen: Sie sind als Individuum betroffen und gleichzeitig Teil z. B. der VW-Familie oder der Wolfsburg-Familie. Auch ein Krieg zählt zu den größeren Einflüssen, die den Einzelnen überpowern können. Doch auch die Weltwirtschaft, eine Krise in der Branche oder gar Management-Fehler sind niemals allein schuld an einem persönlichen Problem.

Wir können auch Änderungen selbst anstreben, beispielsweise indem wir uns mit Leuten umgeben, die uns fordern und fördern.

Meiner Erfahrung nach ist jeder «Hinauswurf aus dem Nest» auch eine Chance – und die Aufforderung, etwas zu ändern. Häufig bestätigen Betroffene, dass sie schon lange unzufrieden waren mit ihrer Situation – nun hat sich die Kündigung oder die Ehescheidung «von selbst» ergeben. Interessanterweise sind die Menschen dennoch überrascht.

Viele Menschen warten zu lange ab, was passieren wird. Zwar sehnen sich verunsicherte oder unzufriedene Menschen nach Veränderung. Sie wagen den Schritt jedoch nicht und unternehmen nichts. In einer solchen Situation aktiv zu werden, wäre aber genau richtig. Dann haben wir größere Chancen, tatsächlich unseren Traum zu verwirklichen, als wenn wir abwarten und nehmen müssen, was daher kommt. Nur wir selbst können unsere Zukunft zufrieden stellend gestalten – selbst auf die Gefahr hin, dass wir woanders landen, als man ursprünglich gedacht hat.

Jedes Ereignis ist eine Chance

Nicht alltägliche Ereignisse, die Ihr Leben durcheinander wirbeln, bieten wunderbare Gelegenheiten, sich selbst zu analysieren. Folgende Fragen können Ihnen bei der Aufarbeitung helfen:

- Was könnte das mit mir zu tun haben?
- Habe ich so etwas schon einmal oder mehrmals erlebt?
- Welches Muster erkenne ich? Was kann ich daraus lernen?
- Was sollte ich ändern?

Auch wenn Ihre aktuelle Situation unangenehm ist – sehen Sie es so: Es ist doch wichtig, endlich erkennen zu dürfen, warum man gewisse Dinge (immer wieder) erlebt.

Energy-Tipp:

Selbst wenn Ihnen das Dickicht noch undurchdringlich erscheint – halten Sie es einfach für möglich, dass ein bestimmtes Ereignis eine Ihrer versteckten Thematiken widerspiegelt. Damit tritt erfahrungsgemäß Ihr (allwissendes) Unterbewusstsein in Aktion. Lassen Sie sich überraschen, welche interessanten «Ideen» und Gedanken Ihnen in Bezug auf das Ereignis durch den Kopf ziehen werden. Notieren Sie diese auf einer eigenen Ideen-Liste. Sobald Sie eine Vermutung haben, ziehen Sie los und probieren etwas Neues.

Morphogenetische Felder

Wenn viele Menschen Energie in ähnlicher Weise nutzen, entstehen spezifische «Felder» mit ähnlichen Schwingungsmustern.

Der englische Biologe Rupert Sheldrake bezeichnete dies als biologisches (und potenziell gesellschaftliches) Äquivalent zu einem elektromagnetischen Feld.

Sheldrake schlug dafür den Begriff der «Morphogenetischen Felder» vor. Er beobachtete, dass jedes Denken, Fühlen, Erleben und Handeln ein energetisches Feld erzeugt, in dem bestimmte Informationen gespeichert werden. Diese Felder bleiben oft über lange Zeiten erhalten – zumindest so lange, bis neue, wichtigere Ereignisse die vorigen überlagern.

Wir produzieren solche speziellen Energiefelder in großer Anzahl. So ergab eine Studie, dass Asiaten ihre Art zu denken anpassten, sobald sie länger in einer anderen Kultur lebten. Dies ist deshalb so bemerkenswert, weil Asiaten traditionell eine starke Bindung an ihre eigene Kultur haben. Wir reagieren – unabhängig von Rasse und genetischer Prägung – stark auf lokale energetische Gegebenheiten, die sich unter anderem durch Sprache, Kultur, vorherrschende Meinungen und Philosophien ausdrücken.

Das erklärt, warum wir manchmal an bestimmten Orten ein «seltsames Gefühl» haben. Auch besonders belastete «Konflikt- und Streitplätze» in Wohnungen oder Büros haben damit zu tun. Wie der Volksmund sagt: «Ein Problem zieht immer das nächste an.» Häufig bestätigt sich der Verdacht im Nachhinein, dass an einem solchen Ort etwas Belastendes stattgefunden hat.

Es ist daher wichtig, die Geschichte eines Grundstückes zu beachten, wenn man ein neues Firmengebäude oder ein privates Wohnhaus plant. Eine Recherche in lokalen Chroniken kann vor manchen Überraschungen bewahren.

Dieses Prinzip können Sie auch auf Menschen mit problematischer Vergangenheit übertragen. Diese tragen ihre alten Probleme in ihrem eigenen «Erfahrungs-Feld» mit sich herum. Sobald die Umstände wieder dazu «passen», kippen sie leicht in ihre alte Problematik: Sie machen sich wieder finanziell abhängig oder lassen sich aufs Neue mit den falschen Geschäftspartnern ein.

Unternehmens-Energien

Auch Unternehmen produzieren energetische Felder. Diese wirken nach innen und nach außen. Ein Unternehmen entsprechender Größe und Bedeutung kann eine ganze Region beeinflussen – weit über die wirtschaftlichen Verflechtungen hinaus. So wie der Konzern atmet, lebt und pulsiert, so pulsiert auch das Umland. Viele der so entstehenden «Felder» sind wichtig und hilfreich: Weil sie spezielle Methoden oder Technologien betreffen, ein besonderes Fachwissen oder die Betriebskultur weiter tragen.

Manche Unternehmens-Energien sind allerdings gefährlich. Dies passiert, wenn sie auf subtile Weise die Entwicklungsmöglichkeit oder Freiheit des Einzelnen einschränken. In vielen Unternehmen herrscht eine Kultur der «Arbeitsverweigerung, die man mit Betriebsamkeit tarnt». Starre Strukturen in vielen Unternehmen hindern anfangs hoch motivierte und fähige Mitarbeiter daran, ihr kreatives Potenzial so einzusetzen, dass sie sich verstanden, geachtet und wichtig fühlen. Finden solche Frustrationen häufiger statt, sinken Motivation und Arbeitsfreude. Die Menschen in einem solchen Unternehmen leisten nur so wenig, wie unbedingt nötig. Das hat zwangsläufig negative Auswirkungen auf die Firma. Insbesondere, wenn es sich um eine Grundhaltung handelt, die ganze Abteilungen berührt oder die Betriebskultur widerspiegelt. Einer Umfrage der Unternehmensberatungsgesellschaft Gallup zufolge (2004) sind nur 12 Prozent der Arbeitnehmer in Deutschland engagiert und zufrieden in Bezug auf ihren Arbeitsplatz. Der Rest macht Dienst nach Vorschrift oder hat innerlich bereits gekündigt.

Das Drama des schlechten Arbeitsplatzes

Was bedeutet ein negatives Arbeitsumfeld für den oder die Einzelne? Betrachten wir die Situation durch die «Energie-Brille», so wird rasch klar: Viele Menschen sind unglücklich mit ihrer Arbeit, weil sie dabei enorm viel *Energie* verlieren.

Die Menschen spüren, dass ihnen etwas Wichtiges abgeht. Anstatt mit Freude zur Arbeit zu gehen und am Abend heiter und aufgeladen heimzukommen, wird der Arbeitstag zu einer täglichen Tortur. Die Situation scheint ausweglos. Manche kündigen, die meisten finden sich irgendwie ab. Doch so wird nichts besser. Dauerfrust, wenig Freude und Glücksmomente, Vorwürfe statt konstruktivem Feedback, Mobbing oder fehlende Anerkennung *rauben* Lebensenergie. So schlimm es klingt: Manche Unternehmen, Vorgesetzte und Kollegen kann man nur als «Energieproblem» bezeichnen.

Die Lösung

Die Misere, in der viele Menschen stecken, ist unübersehbar. Wir lassen uns zu stark von äußeren Dingen beeinflussen. Schließlich will man uns glauben machen, dass wir uns mit vielem abfinden müssen. Meistens stimmt das auch – ein Einzelner wird schwer Unternehmensstrukturen oder ein politisches System ändern.

Dennoch gibt es einen Ausweg. Viktor Schauberger, der österreichische Naturforscher, hat erkannt: «Wir müssen um 180 Grad anders denken.» Auf die eigene Arbeitssituation bezogen heißt das: Wir sollten nicht am äußerlichen Symptom herumdoktern, sondern versuchen, die Ursachen in den Griff zu bekommen. Wie wir mittlerweile wissen, sind das zu einem großen Teil wir selbst. Schon landen wir wieder bei den Fragestellungen von Seite 35.

Was ist bisher geschehen?

Fassen Sie mit mir das bisher Gelernte zusammen:

- Alles ist Energie.
- Alles ist mit mir verbunden, nichts geschieht zufällig.
- Die äußere Welt spiegelt meine Persönlichkeit.
- Ich stehe in Resonanz zu allem rund um mich.
- Wenn ich diesen Spiegel richtig analysiere, erfahre ich, was ich ändern kann.

Wie geht es weiter?

Im nächsten Kapitel erfahren Sie mehr über sich selbst. Suchen Sie sich am besten ein ungestörtes Plätzchen, schenken Sie sich ein Glas ein und legen Sie Stift und Papier bereit. Sie werden zwei interessante Selbst-Tests kennen lernen, die Ihnen Klarheit über Ihre Situation geben können. Füllen Sie diese am besten in entspanntem Zustand aus.

P.S: Bevor es richtig los geht – der schnelle Energy-Kick

Sie fühlen sich ausgepowert und ohne Energie? Sie fragen sich, wie Sie das alles schaffen sollen? Dann brauchen Sie rasch einen ordentlichen Energie-Stoß!

Machen Sie es sich zum täglichen Ritual, nach dem Aufstehen (beispielsweise vor dem Zähneputzen) Ihre Thymusdrüse zu aktivieren. Diese reguliert den Fluss der Lebensenergie im gesamten Körper. Sie ist die zentrale Schaltstelle für unsere Lebensgeister, der Sitz unserer Lebensenergie. Daher reguliert sie den Energiestrom der einzelnen Meridiane. Der Thymus ist als erstes Organ von Stress geschwächt – deshalb verlieren wir bei Stress sofort Energie. Der Thymus ist ein wichtiger Teil unseres Immunsystems. Er bildet die so wichtigen T-Zellen, die körpereigenen Abwehrzellen. Wir sind anfälliger für Krankheiten, sobald unser Thymus geschwächt ist. Die Thymusdrüse spielt auch eine wichtige Rolle, um Krebs zu verhindern.

Außerdem reagiert der Thymus unmittelbar auf unsere Emotionen. Er ist also ein Bindeglied zwischen unserem Geist und unserem Körper. Ein starker Thymus verbessert auch die Gehirntätigkeit, vor allem die Gedächtnisleistung. Er sorgt für die optimale Erneuerung unserer Zellen.

Unser physisches Umfeld, in dem wir leben und arbeiten, wirkt sich besonders stark auf den Thymus aus. Ebenso beeinflussen ihn unsere Ernährung und die Mitmenschen, mit denen wir zu tun haben. Sogar unsere Körperhaltung ist ausschlaggebend für einen starken Thymus. Man fragt sich beinahe: Wofür ist die Thymusdrüse eigentlich nicht zuständig? Die Schulmedizin weiß mit diesen energetischen Zusammenhängen noch nicht viel anzufangen. Daher ist die Bedeutung dieser unscheinbaren Drüse in der Öffentlichkeit noch kaum bekannt.

Untersuchungen des Kinesiologen John Diamond haben ergeben: 95 Prozent der Menschen verfügen über eine schwache Lebensenergie. Sie haben eine geschwächte Thymusdrüse. Oder verhält es sich umgekehrt: Ist der Thymus schwach und daher die Lebensenergie nur begrenzt in Fluss? Dabei ist ein vitaler Energiefluss wesentlich für unser Wohlbefinden, unsere Ausstrahlung, unser Selbstbewusstsein – und letztlich für unseren Erfolg!

Das Aktivieren der Thymusdrüse stärkt Ihre Energie.

Energy-Tipp:

Sie sollten Ihrer Thymusdrüse sinnvollerweise regelmäßige Aktivierungs-Sessions gönnen. Tun Sie es immer dann, wenn Sie gern einen raschen Energie-Kick hätten. Vielleicht ersparen Sie sich so die eine oder andere Tasse Kaffee oder so manche Zigarette zwischendurch.

Sie finden Ihre Thymusdrüse mitten auf der Brust, hinter dem oberen Teil des Brustbeins. Sie können Ihren «Tarzanpunkt» leicht mit Hilfe der Abbildung auf Seite 40 finden. Klopfen Sie mit Knöcheln oder Fingerspitzen sanft auf die Drüse. Eine halbe bis eine Minute reichen vollkommen aus, das allerdings drei- bis viermal täglich.

Besonders hilfreich ist diese Aktivierung vor einem großen Auftritt oder vor anstrengenden oder aufregenden Gesprächen. Sie schütten so Mut machende Immunzellen aus, die Körper und Seele stärken.

Diese einfache, praktische und hilfreiche Übung belebt Ihre Energie, verbessert die Stimmung und tut so richtig gut. Sie befreit von Stress und sorgt für Zentriertheit und Ausgeglichenheit. Klopfen Sie, so oft Sie möchten – wenn Sie eine Pause brauchen, Stress abbauen oder sich etwas Gutes tun möchten. Sie können bedenkenlos zu jeder Tages- und Nachtzeit «klopfen».

Zeigen Sie diese einfache Klopfübung auch Ihren Freunden, Mitarbeitern und Ihrer Familie. Sie ist so einfach durchzuführen und so unglaublich machtvoll. Sie steigern damit Lebensfreude, geistige Wachheit, Gesundheit, Energie, Leistungs- und Lernfähigkeit.

Diese zentrale «Energy-Übung» wird Sie durch das Buch begleiten.

Kapitel 2

Ihr Leben spiegelt Ihre Persönlichkeit

Zieht Sie der ewig gleiche Streit mit dem Kollegen XY nach unten?
Gibt Ihnen die Beschäftigung mit Ihrem Hobby einen Energiekick?
Raubt Ihnen die Kritik Ihrer Verwandten die letzte Kraft?

Sie entdecken bald selbst, wie Sie die meiste Lebensenergie gewinnen können – mit vergleichsweise geringem Aufwand. Ich
werde Ihnen dazu im Verlauf dieses Buches die passenden Werkzeuge vorstellen. Sie können daraus Ihr persönliches Energiepro-
gramm entwickeln.

Damit Sie auf Ihrem Weg zur Energie-Meisterschaft einen ge-
lungenen Start hinlegen, sollten Sie sich zuerst über Ihren zukünftigen Kurs klar werden. In diesem Kapitel lernen Sie zwei aussagekräftige Selbst-Tests kennen. Sie helfen Ihnen, Ihre wichtigsten
Lebensbereiche auf Verbesserungsmöglichkeiten zu untersuchen:

Der *Balance-Check* ist ein Zeichen-Test. Mit seiner Hilfe ent-
schlüsseln Sie jene Lebensbereiche, in denen es kriselt oder bald kri-
seln könnte. Sie finden den Test hier anschließend.

Was bremst Sie? Was bringt Ihre Energien so richtig in Fahrt?
Das *Energie-Profil* zeigt Ihnen, wo aus momentanen Schwächen zu-
künftige Stärken entstehen können.

Die Tests und ihre Vorgeschichte

Welche Bereiche Ihres Lebens spenden Ihnen Energie? An welchem
Leck geht Ihnen Kraft verloren? Sie können Ihr inneres Wissen mit

dem von mir entworfenen Balance-Check anzapfen. Dieser erste Test beruht auf der Lehre der neun Lebensbereiche (siehe dazu auch Seite 44 und 181). Diese Lehre ist seit Jahrtausenden in Asien bekannt. Sie entstand aus der Beobachtung der Natur und der Prinzipien ihres Wirkens.

Die Menschen entdeckten, dass sich alles Leben aus acht einander ergänzenden Energien zusammensetzt. (Auch die menschliche Erbinformation, die DNS, ist so aufgebaut, wie wir heute wissen.) Aus dieser Erkenntnis entstand vor rund 5000 Jahren das Buch des Wissens, das «I Ging» (Buchtipp Seite 191). Die acht Energien gruppieren sich demzufolge symbolisch um eine Mitte. Mit dem Zentrum sind es insgesamt neun Felder. Jede der acht Energien gehört zu einem bestimmten Bereich unseres Lebens. Auch alles andere in der Natur hat seinen Platz im I Ging: zum Beispiel die Himmelsrichtungen, Elemente, Farben, Nahrungsmittel, Jahreszeiten oder der menschliche Körper.

Das I Ging bringt uns die Botschaft: Wir können selbst viel mehr, als wir für möglich halten, zur Gesundheit, zu einem Leben in Harmonie und Lebensglück beitragen. Das gilt auch für unseren beruflichen Erfolg. Alle Bereiche unseres Lebens beeinflussen schließlich unseren Energiefluss. Fällt ein einziger Aspekt aus der Reihe – schon geraten wir ins Ungleichgewicht, «es fließt nicht mehr». So etwas erleben die meisten Menschen heute täglich, beruflich genauso wie privat. Das I Ging sagt uns dagegen: Wir finden dann zurück in Harmonie, wenn wir unsere Schwachstellen ausmerzen und den Einseitigkeiten die Spitze nehmen.

Was hat Ihr Unterbewusstsein dazu zu «sagen»?

Test 1: Der Balance-Check

Mit dem Balance-Check befragen Sie Ihren inneren Wissens-speicher.

4	9	2
3	5	7
8	1	6

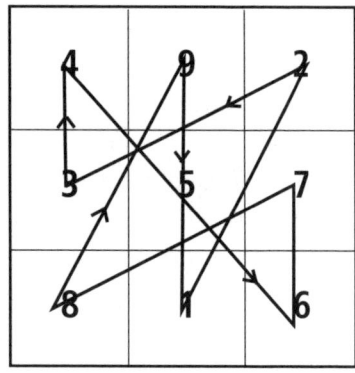

Die neun Energiefelder des Balance-Check

Die Energie fließt von 1 bis 9 und wieder zurück zu 1

So machen Sie den Balance-Check:

1. Sie brauchen dafür nur einen Stift und ein Blatt Papier. Zeichnen Sie ein etwa 5 x 5 cm großes Quadrat (oder verwenden Sie die Kopiervorlage oben links). Dritteln Sie es in Breite und Höhe: Sie sollten neun gleich große Felder erhalten. Übertragen Sie die Zahlen 1 bis 9 so, wie sie in der Zeichnung oben dargestellt sind.

2. Setzen Sie sich entspannt hin. Wandern Sie mit Ihren Augen von einer Zahl zur Nächsthöheren: von 1 zu 2 zu 3 ... bis 9. Gehen Sie fließend weiter und fangen Sie wieder bei 1 an. Verinnerlichen Sie die Positionen der Zahlen, während Ihre Augen stetig von Zahl zu Zahl, von Feld zu Feld wandern. Ihr Ziel ist es, ein Gefühl für die Beziehung der Zahlen zueinander zu bekommen. Ein regelmä-ßiger «Fluss» Ihres Blicks sollte sich nach ein bis zwei Minuten einstellen: Sie müssen nicht mehr angestrengt mitdenken, Sie folgen dem unsichtbaren Energiestrom bereits automatisch.

3. Machen Sie dasselbe mit einem Stift. Fangen Sie bei 1 an, wan-

dern Sie mit ihrem Stift durch alle Felder bis 9. Danach verbinden Sie die 9 mit der 1 und schon geht es bei 1 weiter. Führen Sie den Stift durch das gesamte Raster. Machen Sie mehrere Durchgänge. Stocken Sie möglichst nicht. Vermeiden Sie es, auszurutschen. Setzen Sie den Stift nicht ab. Denken Sie nicht nach. Bleiben Sie mit Ihrem Stift in Bewegung. Hakt es irgendwo, machen Sie einfach weiter. Folgen Sie dem intuitiven Fluss. Beobachten Sie Ihre Gefühle, Ihren Atem. Gibt es Bereiche, wo das Malen richtig Freude macht? Rufen andere eher Ablehnung hervor? Was fällt Ihnen sonst auf? Nach zwei bis drei Minuten (rund 20 bis 30 Durchgänge) haben Sie es geschafft.

Sie haben als Ergebnis ein vielschichtiges und aussagekräftiges «Röntgenbild» Ihrer Persönlichkeit.

Was sagt Ihnen Ihr Balance-Check?

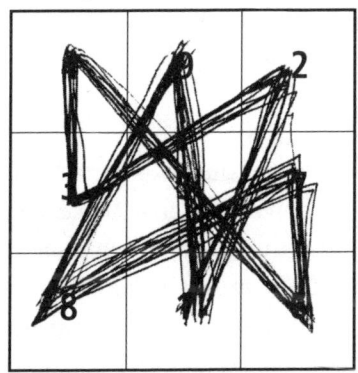

Betrachten Sie zuerst das Gesamtbild. In welchen Zonen empfinden Sie Ihre Linien als flüssig? Welche Felder empfinden Sie dagegen als unrhythmisch, wirr durchfahren? Erinnern Sie sich: Wo mussten Sie innehalten? Wo sind Sie ausgerutscht? Wo mussten Sie nachdenken, wie es weitergeht? Halten Sie nach kleinen optischen Auffälligkeiten auf dem Blatt Ausschau. Jedes Detail erzählt Ihnen etwas über die möglichen «Themen» Ihres gegenwärtigen Lebens, die Sie beachten sollten.

Markieren Sie in Ihrem Testbild jene Zonen, wo Sie das Gefühl haben: Die fallen aus der sonstigen Harmonie heraus, sie passen irgendwie nicht so ins Bild, jene also, bei denen Sie ein paar Mal während des Zeichnens nachgedacht haben. Im Normalfall sind das ein, zwei oder drei Zonen. Der Balance-Check ist im direkten Kontakt mit Ihrem Unterbewusstsein entstanden – Sie können darauf vertrauen, dass Sie die richtigen Zonen identifiziert haben.

Wer und *was* wir sind, ist als «Information» in unserem Inneren gespeichert. Der Balance-Check nutzt das vor Jahrtausenden von den Chinesen entdeckte, harmonische Bewegungsmuster der Natur, wie es im I Ging niedergeschrieben wurde. Wenn wir dieses Muster konzentriert zeichnen, docken wir an ein «universelles Energiefeld der Harmonie» an. (Mehr zu universellen Feldern gibt es auf Seite 35.) Wir synchronisieren bei dieser Zeichentätigkeit unsere Gehirnhälften und entspannen uns. Damit öffnen wir – ohne Drogen oder Therapien – den Zugang zu unserem Unterbewusstsein. Dieses führt uns beim Zeichnen die Hand – und zeigt uns Barrieren oder Unsicherheiten, ebenso wie harmonische Lebensbereiche.

Übertragen Sie das Ergebnis Ihres Balance-Checks gleich mit einem Kreuzchen (ein x) in Ihr Auswertungsblatt (Seite 195).

Energy-Tipp:
Sich mit diesem universellen Bewegungsmuster zu beschäftigen, führt besonders schnell in einen entspannten Zustand. Sie können immer dann, wenn Sie sich gestresst, unruhig oder unkonzentriert fühlen, Ihr Neuner-Raster malen, zum Beispiel auch beim Telefonieren. Sollten Sie nichts zum Schreiben bei der Hand haben, können Sie das Ganze mit den Augen nachzeichnen, als Muster in den Sand malen oder mit dem Finger auf einer Tischplatte. Sie können die Bewegungen auch mit geschlossenen Augen im Geist durchführen. Sie werden es selbst spüren: Ihr Blutdruck sinkt, Ihr Atem wird ruhig, die Gedanken klären sich.

Meiner Erfahrung nach ist das «Energiefluss-Zeichen» eine der wirkungsvollsten Harmonisierungsmethoden, die es gibt. Für eine schnelle Entspannung eignet sich aber auch die Massage des «Heilenden Punktes» auf der Brust (siehe Seite 133 und 155).

Test 2: Energie-Profil

Auch im zweiten Selbst-Test betrachten Sie Ihre neun Lebensphasen, dieses Mal jedoch *bewusst*.

Damit Sie diesen Test beim ersten Mal möglichst unbefangen erleben, sollten Sie die Beschreibung der einzelnen Zonen nicht kennen. Untersuchen Sie zuerst Ihr Energieprofil. Die «Auflösung» für beide Tests folgt danach.

So finden Sie Ihr Energie-Profil heraus:

Lesen Sie die unten stehenden Aussagen aufmerksam durch. Bewerten Sie, wie weit Sie einer Aussage zustimmen:

1 = völlig ausgeschlossen   4 = trifft ziemlich zu

2 = trifft nicht zu   5 = stimmt haargenau

3 = mal so, mal so

Tragen Sie Ihre Bewertungszahl neben jeder Frage ein. Wenn Sie unsicher sind, wählen Sie die Zahl, die am ehesten entspricht. Wichtig sind rasche Antworten. Denken Sie nicht lange nach!

	Bewertung (1–5)	Summe (3–15)
Zone 1:		
• Ich bin mit meinem Leben und meinen Entscheidungen auf dem richtigen Weg.		
• Was ich anpacke, entwickelt sich leicht und mühelos.		
• Ich liebe meinen Beruf und könnte mir keine bessere Stelle vorstellen.		
Zone 2:		
• Ich führe eine harmonische und glückliche Partnerschaft.		
• Ich habe eine gute und positive Beziehung zu meinen Nachbarn, Arbeitskollegen und Freunden.		
• Ich lerne immer wieder sympathische, interessante Menschen kennen.		

	Bewertung (1–5)	Summe (3–15)
Zone 3:		
• Meine Eltern sind (waren) tolle Menschen. Ich verbringe (verbrachte) gerne Zeit mit ihnen.		
• Ich habe meist großes Glück mit Vorgesetzten. Sie fördern und unterstützen mich. Sie sind für mich wertvolle Vorbilder.		
• Mir sind bei neuen Dingen im Leben auch dessen Hintergrund und Entstehungsgeschichte wichtig.		
Zone 4:		
• Ich erlebe immer wieder Momente, in denen ich mich so richtig glücklich fühle.		
• Ich habe ein gesundes Wohlstandsbewusstsein und verdiene entsprechend gut.		
• Mein Leben ist reich an bedeutsamen Erfahrungen, die ich nicht missen möchte. Jeder Tag erscheint mir zu kurz. Es gibt so viel zu erleben und zu genießen.		
Zone 5:		
• Ich fühle mich gesund und energiegeladen.		
• Egal was geschieht, mich bringt nichts so schnell aus der Ruhe.		
• Ich lebe meine Talente. Ich entfalte mich so, wie es mir gefällt.		
Zone 6:		
• Wenn ich Hilfe brauche, ist immer jemand für mich da.		
• Ich gebe großzügig und helfe gerne. Ich weiß, dass man gemeinsam mehr erreicht als allein.		
• Ich fördere gerne interessante Ideen, Menschen und Projekte.		
Zone 7:		
• Es hat mir noch nie an kreativen Ideen gemangelt.		
• Ich gestalte gerne Räume um. Ich interessiere mich für schöne Musik, Kunst und Design und reise gerne zu neuen, interessanten Plätzen.		
• Ich bin stolz auf meine Kinder und meine geistigen Projekte. Sie entwickeln sich so, dass es eine Freude ist.		

	Bewertung (1–5)	Summe (3–15)
Zone 8:		
• Ich gönne mir regelmäßig stille Momente, um nachzudenken, zu lesen oder zu meditieren. Ich besuche immer wieder Seminare, die mir gut tun. Ich umgebe mich gerne mit Menschen, die mich weiterbringen und meine Entwicklung zum Positiven beeinflussen.		
• Ich kann mich auf mein Gespür für Menschen und Situationen verlassen.		
• Ich «weiß», dass in meinem Leben alles seinen Sinn hat – auch wenn ich ihn nicht immer sofort erkenne.		
Zone 9:		
• Andere Menschen achten mich für mein Tun und Handeln. Ich gelte für manche als Vorbild, ich bin mir dieser Verantwortung bewusst.		
• Ich nutze mein Leben, um meine Persönlichkeit und Ausstrahlung weiter zu entwickeln.		
• Ich halte mich an meine Ideale und Werte. Ich empfinde mein Leben als erfüllend und glücklich – auch wenn es mich manchmal vor große Herausforderungen stellt.		

Bei welchen Fragen haben Sie besonders intensiv nachgedacht? Wo sind Ihre Gedanken oder Gefühle gleich «angesprungen»: Wo hatten Sie eine belastende Situation aus der Vergangenheit vor Augen?

Da sich immer wieder einiges verändern wird, sollten Sie wenigstens zweimal pro Jahr ein neues Energie-Profil erstellen (Fragebogen unter www.business-energy.de). Archivieren Sie alle Protokolle – Sie werden es später interessant finden, Ihre neuen Auswertungen mit älteren zu vergleichen.

Ihre To-Do-Liste

Sind Ihnen beim Ausfüllen der Tests die ersten wichtigen Ideen durch den Kopf geschossen? Schreiben Sie Ihre Einfälle rasch auf, bevor sie Ihnen entfallen. Wenn Sie mit diesem Buch arbeiten, werden Sie viele wichtige Aspekte Ihres Lebens berühren und «in Schwingung versetzen». Das regt Ihr Unterbewusstsein an, neue Gedanken und Ideen hervorzubringen. Lassen Sie sich überraschen!

Am besten legen Sie sich eine To-Do-Liste an: Füllen Sie die Liste formlos mit Ihren spontanen Gedanken und Ideen. Bewerten und sortieren können Sie später. Fotokopieren Sie die Liste, damit Sie immer ein Exemplar bei sich haben. Sammeln Sie alles, was Sie los werden oder erledigen möchten.

Bestimmt haben Sie schon Ähnliches erlebt: Kaum beschäftigen Sie sich intensiv mit einer Sache, ordnet sich alles diesem Thema unter. Wenn Sie vorhaben, ein neues Auto zu kaufen, werden Sie plötzlich mehr Autos genau Ihres Wunschtyps sehen. Eine werdende Mutter begegnet an jeder Ecke Kinderwagen und anderen schwangeren Frauen. Vieles erklärt sich daraus, dass wir aufmerksamer sind. Wir können einiges aber tatsächlich anziehen!

Werten Sie Ihr Energie-Profil aus
Werten Sie Ihren Test aus: zuerst betrachten Sie jeden Themenbereich (= Energiefeld) einzeln. Danach sehen Sie sich Ihr Gesamtergebnis an.

Die Fragestellung lautet: In welchen Bereichen fließt Ihre Energie gut? Wo stockt Ihre Energie? Wo gibt es Probleme oder nicht genutzte Ressourcen?

So werten Sie Ihr Energie-Profil aus:
1. Ermitteln Sie Ihr individuelles Punkteergebnis für jede Zone: Zählen Sie die Punkte der drei Antworten einer Zone zusammen (rechte Spalte Seite 47–49). Sie können 3 bis 15 Punkte pro Zone erreichen.
2. Die Gesamtsumme zeigt Ihren Energiestatus in jeder einzelnen Zone. In der Tabelle auf Seite 51 sehen Sie, wie viel Energie Ih-

nen in welcher Zone zur Verfügung steht. Wichtiger ist das Um-
kehrergebnis: Wie viel von Ihrem Potenzial lassen Sie ungenutzt
brachliegen?

3. Reihen Sie Ihre Zonen: Fangen Sie bei Ihrer stärksten Zone an,
   danach folgt die zweitstärkste, und so weiter bis zum schwächsten Lebensbereich. Sie werden klarer sehen, wo Ihre Schwachstellen liegen (wenn Sie es nicht bereits wussten).
4. Wählen Sie zwei oder maximal drei Bereiche aus, die Sie weiter
   bearbeiten möchten.

Es ist ziemlich unwahrscheinlich, dass Sie in allen Ihren Energiezo-
nen die höchste mögliche Punkteanzahl erreichen. Alle Menschen
haben ihre Schwächen und «Baustellen». Je näher Sie an das Maximum herankommen, desto besser. Dann ziehen Sie mit viel Energie genau in Richtung Ihrer Wünsche und Ziele.

Das bedeuten Ihre Ergebnisse

Pro Zone

3–8 Punkte: «Großbaustelle» – hier gibt es viel ungenutzte Energie. An die Arbeit!

9–10 Punkte: Bronze-Status. Einiges zu tun!

11–12 Punkte: Silber-Status. Keine ausgesprochene Problemzone, aber noch keine wirklich starke Ressource.
Mittelgroßer Handlungsbedarf.

13–14 Punkte: Gold-Status. Bravo – aus diesem Lebensbereich
schöpfen Sie Kraft und Inspiration. Hier ist derzeit
nicht viel zu verändern.

15 Punkte: Platin-Status. Diese Zone ist perfekt!

Ihre stärksten Zonen machen Ihnen bestimmt Freude. Die Stief-
kinder Ihres Energiehaushaltes sind jedoch wichtiger: In Ihren
hinten gereihten Zonen liegen Ihre Entwicklungschancen. Mar-

kieren Sie Ihre drei schwächsten Zonen im Auswertungsblatt auf Seite 195.

Bevor ich Ihnen mitteile, wofür die einzelnen Zonen stehen (und wie Sie das Punkte-Ergebnis optimal auswerten), möchte ich Ihnen noch rasch den Muskeltest vorstellen.

Der Muskeltest bringt Aufschluss in allen Lebenslagen

Der Delta-Muskeltest gehört zu den wichtigsten Business-Energy-Tools. Er entstammt der Kinesiologie, einer hoch spezialisierten Fachrichtung der alternativen Medizin. Die Kinesiologie untersucht Körperfunktionen, indem sie gewisse Muskeln testet. Therapeuten und Mediziner haben herausgefunden, dass allein ein Gedanke an ein belastendes Erlebnis den Körper und somit auch die Muskeln kurzfristig schwächt. Ein positiver Gedanke oder ein förderlicher äußerer Einfluss dagegen stärkt den Muskel. Meist wird der Test mit dem Deltamuskel im Schulterbereich gemacht, daher kommt der Name *Delta-Muskeltest*.

Der Muskeltest ist einfach und sicher. Er kennt nur zwei Antworten: Der Muskel kann stark sein (= «Ja») oder schwach (= «Nein»), dann lässt sich der Arm einfach nach unten drücken. Wenn das erste Mal ein markantes «Nein» kommt, behaupten Zuschauer gern, der Tester hätte stärker gedrückt oder der Befragte habe dem Druck absichtlich nachgegeben. Das ist nicht der Fall! Kritische Stimmen verstummen, sobald sie selbst erleben, wie anders sich die Testergebnisse anfühlen. John Diamond, Begründer der modernen «Behavioralen Kinesiologie», bezeichnet es so: «Der Körper lügt nicht.»

So einfach geht der Muskeltest

Um den Muskeltest zu erlernen, bitten Sie einen Menschen Ihres Vertrauens, sich als Testperson zur Verfügung zu stellen. Beachten

*Das Testen des Delta-Muskels sollte an einem angenehmen Ort statt-
finden.*

Sie dabei, dass Sie sich beim Testen körperlich nahe kommen –
nicht alle Menschen lassen sich von jemand anderem gerne anfas-
sen. Damit Sie verlässliche und aussagekräftige Antworten erhalten, sollten Sie gerne miteinander arbeiten. Suchen Sie sich einen
ungestörten Platz, am besten in der freien Natur, aber auch im
Büro, im Wohnzimmer oder an einem anderen ruhigen Ort. Schalten Sie Neonbeleuchtung und Computer aus.

1. Bitten Sie Ihre Testperson, sämtliche Störquellen abzulegen:
   Mobiltelefon, Armbanduhr, Autoschlüssel, Geldbörse oder
   Schmuck. Deponieren Sie diese Gegenstände in mindestens
   zwei Meter Entfernung. Schalten Sie Mobiltelefone bitte aus.
2. Ersuchen Sie Ihre Testperson, sich ein (emotional nicht oder wenig belastetes) Thema als Übungsfrage zu überlegen. Zum Beispiel: «Ich würde gerne mehr für meine Fitness tun – welche
   Sportart wäre die beste?» oder: «Welche Diät passt für mich, um
   rasch zwei Kilo abzunehmen?»

3. Stellen Sie sich etwa eine Armlänge voneinander entfernt gegenüber auf. Lassen Sie die Testperson entscheiden, mit welchem Arm sie den Test beginnen möchte. Sie lässt nun einen Arm entspannt an der Seite herunterhängen. Den anderen streckt sie waagrecht seitlich vom Körper weg.

4. Zeigen Sie Ihrer Testperson, wie Sie den ausgestreckten Arm nach einer Frage am Gelenk berühren werden und sanft, aber bestimmt nach unten drücken. Erklären Sie ihr, dass sie beim Kommando «Halten» ihren Oberarmmuskel anspannen soll («Sperren»). Machen Sie ein paar Tests, um die Haltekraft Ihrer Testperson kennen zu lernen.

5. Nun «kalibrieren» Sie sich in drei Schritten. Bitten Sie die Testperson, sich zuerst etwas Unangenehmes aus ihrem Leben vorzustellen. Warten Sie ein paar Sekunden: Die Testperson gibt dann mit einem Nicken zu verstehen, dass sie die negative Situation vor ihrem inneren Auge hat. Auf «Halten» spannt die Testperson den Muskel an und versucht, Ihrem Druck entgegenzuhalten. Wahrscheinlich wird sie das nicht schaffen. Warum? Die negative Vorstellung schwächt den Muskel.

6. Als Nächstes möge sich Ihre Testperson etwas Wunderschönes und Positives vorstellen. Testen Sie wieder: Der Muskel sollte stark reagieren.

7. Wenn diese zwei Fragen erwartungsgemäß mit «schwach» und «stark» beantwortet sind, fahren Sie fort: «Sind Sie nun bereit, das Thema ‹Optimale Diät› zu bearbeiten?» Reagiert der Muskel stark, beginnen Sie mit dem Thema. Bei schwach reagierendem Muskel suchen Sie sich ein anderes, weniger «stressiges» Übungsthema. Sie können die Diätfrage später nachholen.

8. Beginnen Sie mit der ersten konkreten Frage. Zum Beispiel: «Sind Sie bereit, eine Diät zu machen?» Ja. «Ist Ihnen die für Sie ideale Abnehmdiät bereits bekannt?» Ja. «Haben Sie schon einmal eine solche Diät gemacht?» Nein. «Handelt es sich um die Blutgruppendiät?» Nein. «Ist es die Logi-Methode?» Nein. Bitten

Sie die Testperson, konkrete Vorschläge zu Methoden zu machen. Stellen Sie zu jeder möglichen Diät eine neue Frage. Sie werden im Normalfall rasch zum richtigen Ergebnis kommen.

9. Sobald Sie eine Lösung haben, erfragen Sie Details: den besten Zeitpunkt für die Diät oder deren Dauer. Sollte der getestete Arm ermüden, machen Sie eine kurze Pause oder wechseln den Arm.

10. Üben Sie mit vertauschten Rollen weiter. Stellen Sie neue Fragen – Sie erhalten neue Antworten. Beispiele aus Ihrem eigenen Leben eignen sich am besten. Sie werden sich bald sicher genug fühlen, um auch heikle Themen mit dem Muskeltest zu erforschen.

So gewinnen Sie Praxis mit dem Muskeltest

Sie haben nun am eigenen Körper erlebt, dass ein «schwach» antwortender Muskel auf eine Belastung in Ihrem System hinweist. Sie brauchen gar nicht zu wissen, welcher Teil Ihres Körpers sich gestört fühlt. Ein klares «Nein» oder «Ja» reicht als Antwort aus.

Tipps für die Anwendung des Muskeltests:

- Sie brauchen den Arm beim Testen nicht den ganzen Radius nach unten drücken. Sperrt der Muskel nicht innerhalb von fünf Zentimetern, ist er als schwach zu beurteilen.
- Vermeiden Sie jede «Wettkampfsituation»: Fordern Sie Ihren Testpartner oder Ihre Testpartnerin nicht durch besonders intensives Runterdrücken heraus. Das ermüdet den Muskel unnötig. Ihre Testperson könnte deswegen für die nächsten Fragen zu wenig Energie zur Verfügung haben. Ihre Antworten wären somit unzuverlässig. Sie entwickeln bestimmt bald ein Gefühl dafür, wie Sie bereits durch kurzes «Antippen» zu klaren Antworten kommen.
- Bitten Sie Ihren Partner oder Ihre Partnerin um Feedback. Ermuntern Sie ihn oder sie, selbst aktiv mitzuarbeiten.
- Wird Ihre Testperson müde, ist eine Pause angesagt. Stellen Sie

ein Glas Trinkwasser bereit. Trinken Sie *keinen* Kaffee kurz vorher oder während des Tests.

- Sie können kleine Energielöcher oder «unklare» Antworten oft durch einen kräftigen Schluck Wasser beseitigen. Ermuntern Sie die Testperson, auf ihre Körpersignale zu achten.
- Die meisten Menschen empfinden es als angenehm, wenn Sie Ihre zweite Hand auf die unbeteiligte Schulter Ihres Testpartners legen. Das gleicht aus und entspannt.
- Achten Sie darauf, dass Ihre Testperson die Augen beim Testen offen lässt.
- Sorgen Sie für eine entspannte Atmosphäre. Das Muskeltesten wird Ihnen so bald eine Menge Freude bereiten.
- Notieren Sie alle spontan entstandenen Ziele auf Ihrer To-Do-Liste.

Testen Sie persönliche Angelegenheiten aus

Wahrscheinlich haben Sie Ihrem Testpartner schon die ersten privaten Fragen gestellt. Sie haben sicher erkannt: Ihr inneres Wissen lässt sich nicht leicht überlisten. Es genügt nicht, etwas fest zu wollen. Obwohl wir manchmal unerschütterlich von einem Kleidungsstück überzeugt sind und es unbedingt kaufen wollen, kann ein klares Nein im Muskeltest verblüffen. Ihre Körperintelligenz teilt Ihnen mit: Dieses Teil würde Ihnen nicht gut tun. Sie wissen zwar nicht, was der Grund für die Muskelschwächung ist: die Farbe? Das Muster? Das Material oder dessen Verarbeitung? Der Preis? Sie können das «Warum» im Muskeltest klären. Im Alltag werden Sie sich meist mit einem Ja oder Nein zufrieden geben, weil Sie schon bei der nächsten Frage sind.

Das Schöne an dieser einfachen Testmethode ist, dass Sie sich damit ohne großen Aufwand über Entscheidungen klar werden können, ob im Business oder im Privatleben. Auch wenn es niemand an die große Glocke hängt: Viele Unternehmer und Führungskräfte vertrauen bereits auf den Muskeltest. Sie überprüfen gern verschiedenste Maßnahmen und Entscheidungen. Die Einsatzbereiche sind breit gefächert: Ist eine angedachte Kooperation positiv? Passt der neue Mitarbeiter ins Team? Welche Strategie ist die beste für eine anstehende Verhandlung? Doch Vorsicht: Der Test zeigt nur an, was aus aktueller Sicht passt. Er kann keine Zukunftsfragen beantworten. Das wäre Hellseherei.

Wunderdrüse Thymus

Sie brauchen noch Energie? Jetzt ist ein guter Zeitpunkt, Ihre Thymusdrüse zu aktivieren. Ein sanftes einminütiges Klopfen liefert Ihnen neue Lebenskraft, bevor Sie mit dem Muskeltest starten oder längere Tests machen. Ein kraftvoller Thymus macht Ihre Antworten klarer. (Mehr zur Thymusdrüse gibt es auf Seite 39.)

Der Muskeltest sagt Ihnen, was Ihnen gut tut

Sie haben mit dem Muskeltest ein praktisches Werkzeug, mit dem Sie alle Einflüsse auf Ihr Leben untersuchen können. Einzige Notwendigkeit: Sie brauchen immer einen Partner. Das sollte sich im Normalfall mit ein oder zwei vertrauenswürdigen Menschen im Umfeld organisieren lassen.

Energy-Tipp:

Es gibt eine wunderbare alternative Testmethode für dringende Fälle, etwa wenn Sie in einem Meeting unauffällig eine Antwort brauchen: den O-Ring-Test. Ich stelle Ihnen diesen Test ab Seite 62 vor.

Bevor Sie sich in etwas Neues stürzen, verfeinern Sie Ihre Technik mit dem Delta-Muskeltest. Sie haben ein riesiges Experimentierfeld zur Verfügung. Sie können den Einfluss aller Dinge und Ereignisse Ihres Alltags überprüfen. Hier sind einige Anregungen für Ihre eigenen Tests.

Tut Ihnen Ihre Nahrung gut?

Viele unserer Nahrungsmittel werden heute künstlich hergestellt, über weite Strecken transportiert, lange gelagert und stark verändert. Bei all diesen «Verfeinerungsprozessen» geht Lebensenergie verloren. In vielen Lebensmitteln steckt nichts Wertvolles, sondern nur tote Brennwerte. Was wir zu uns nehmen, mag zwar sättigend wirken – «aufbauen» kann es uns nicht.

Energy-Tipp:

John Diamond empfiehlt: Legen Sie Ihrer Testperson ein Stück Würfelzucker auf die Zunge. Wahrscheinlich wird der zuvor starke Muskel nun ein schwaches Testergebnis liefern. Bitten Sie Ihre Testperson, ihren Mund sauber zu spülen. Geben Sie ihr anschließend rohen, unerhitzten Honig in den Mund. Sie werden ein starkes Testergebnis des Muskels bekommen. Wir sehen: Es macht einen großen Unterschied, womit wir süßen.

Sie können auch Brot auf diese Weise untersuchen: Nehmen Sie ein Stück herkömmliches Brot oder eine Semmel. Vergleichen Sie das Ergebnis mit der Wirkung von Vollkornbrot aus dem Bioladen. Ähnlich große Unterschiede ergeben sich bei einem gespritzten Apfel aus dem Supermarkt und einem frischen Apfel aus dem eigenen Garten. Und wenn Sie schon dabei sind: Probieren Sie aus, was Limonade, Kaffee, ja sogar die meisten Mineralwasser, vor allem in Plastikflaschen, mit Ihnen machen.

Wahrscheinlich werden Sie feststellen, dass Ihr Körper gesunde und kraftvolle Nahrungsmittel bevorzugt. Gaumen und Geschmacksknospen mögen dem verfeinerten «Junkfood» auf den Leim gehen. Jene Teile des Körpers, die die Nahrung verarbeiten, unterscheiden genau zwischen den Lieferanten wertvoller «Lebensenergie» und wertlosem Füllmaterial. Der Körper muss zusätzlich Energie aufbringen, um Letzteres los zu werden.

Überprüfen Sie Ihren Pausensnack, checken Sie Ihren täglichen

Kaffeekonsum. Speisen Sie lieber seltener in Restaurants, dafür in solchen, wo Sie frisches Qualitätsessen serviert bekommen. Wissen Sie noch, wann Sie sich nach einem Restaurantbesuch das letzte Mal leicht, fröhlich und heiter gefühlt haben?

In den USA werden bereits 95 Prozent der Nahrungsmittel verarbeitet und verändert; bei uns sind es etwa 75 Prozent. Glauben Sie mir, man merkt es den Menschen an. Ein Sprichwort sagt: «Man ist, was man isst.» Unsere Nahrung ist bedenklich schlecht und spendet viel zu wenig Lebensenergie. Viele Menschen werden genau aus diesem Grund immer müder und lethargischer.

Testen mit Thymusberührung bringt noch klarere Antworten.

Energy-Tipp:

Testen Sie Nahrungsergänzungsmittel (Vitamine oder Mineralstoffe) mit dem Muskeltest auf ihren Sinn und ihre Verträglichkeit. Vieles, was wir in gutem Glauben zu uns nehmen, schadet uns eher oder hilft zumindest nicht. Manchmal würde die Substanz passen, aber das konkrete Produkt nicht. Unser Körper lehnt synthetisch hergestellte Stoffe auch eher ab.

Sind Sie sich bei einem Resultat des Muskeltests unsicher, können Sie einen zweiten Durchgang starten: Ihre Testperson soll nun mit einer Hand ihren Thymus berühren, während Sie ihren Arm drücken (Abbildung Seite 59). Damit gehen Sie auf Nummer sicher: Sie erhalten durch diese Feinjustierung klarere Antworten. Verwenden Sie diese Kontrollmethode, wenn Sie Antworten überprüfen möchten.

Passt Ihr Umfeld wirklich zu Ihnen?

Beleuchtung: Kinesiologische Tests zeigen, dass Neonlicht die Menschen schwächt. Wir fühlen uns dagegen von normalen Glühbirnen oder Tageslichtlampen gestärkt. (Mehr zum Thema Licht finden Sie ab Seite 172ff.) Menschen brauchen ein Mindestmaß an Licht. Sonnenlicht gilt als die ideale Lichtquelle. Wir sollten auch an bewölkten oder regnerischen Tagen einige Zeit im Freien verbringen. Die Mittagspause im Park, der Spaziergang mit dem Hund oder eine halbe Stunde Nordic Walking fördern nicht nur die körperliche Fitness. Diese Aktivitäten unter freiem Himmel füllen unseren «Lichtspeicher» neu auf.

Testen Sie, wie ein bestimmtes Büro- oder Arbeitslicht auf Sie wirkt: Machen Sie den Muskeltest zunächst mit ausgeschaltetem Licht. Anschließend schalten Sie das Licht ein. Diverse Forschungen haben ergeben, dass Schlafprobleme direkt mit Licht in Verbindung stehen. Unsere Zirbeldrüse, die den biologischen Rhythmus des Körpers steuert, reagiert auf Licht. Strahler und Halogen-Spots attackieren uns in vielen Arbeits- oder Wohnräumen regelrecht. Das kann die harmonische Aktivität des Gehirns stören.

Lärm und Geräusche: Ständige Hintergrundgeräusche kosten nicht nur Nerven. Das Netzbrummen von Trafos oder Elektrogeräten, die Geräusche von Kopiergeräten, Druckern, Klimaanlagen, Ventilatoren, Computern oder der Zimmerbrunnenpumpe (und vieles mehr) schwächen unser Energiesystem. Wir scheinen störende Geräusche häufig nicht mehr zu hören, sie sind fast ausgeblendet. Dennoch atmen wir befreit auf, wenn das Gerät ausgeschaltet wird und plötzlich Ruhe ist. Beseitigen Sie Lärmquellen, wo immer es geht! Machen Sie sich immun gegen kleine äußerliche Unpässlichkeiten. Zentrierte Menschen mit überdurchschnittlicher Lebensenergie können negative Einflüsse fernhalten – andere Menschen kosten sie viel Energie. Versuchen Sie, diese Störeinflüsse «draußen zu lassen».

Bilder und Farben: Gegenstände wirken nicht auf alle Menschen gleich. Der eine fühlt sich von einem bestimmten Bild geschwächt – einem anderen ist es egal.

Ein Beispiel: Testet man die Lebensenergie von Menschen neben einem Fenster mit ungleichmäßigen Fensterkreuzen, so reagieren die meisten Menschen «schwach». Die Menschen in solchen Büros erbringen meist weniger Leistung als in anderen Räumen. Andererseits tragen viele Leute ein Kreuz als Zeichen ihres christlichen Glaubens – und werden dadurch gestärkt. Sie sehen: Die Diskussion um Kreuzsymbole in Klassenzimmern und Amtsstuben lässt sich nicht einfach entscheiden. Was auf den einen positiv wirkt, ist für den anderen negativ.

Die energetische Wirkung bestimmter Maßnahmen oder Entscheidungen auf die Menschen wird noch nicht ernst genug genommen. Das wird sich in Zukunft ändern müssen. Wir haben es für unsere weitere Entwicklung nötig.

Energy-Tipp:

Untersuchen Sie in einer ruhigen Stunde die Bilder in Ihren Arbeits- und Wohnräumen. Sie werden erkennen: Bilder bestimmter Künstler haben eine belastende Ausstrahlung. Sie tun den meisten Menschen im Raum nicht wirklich gut. Hier hilft nur eines: weg damit!

Auch Farben, Pflanzen oder Einrichtungsgegenstände (zum Beispiel manche Antiquitäten) lösen häufig mehr emotionalen Stress aus, als uns lieb ist. Manchmal ist zwar der Gegenstand, die Farbe oder die Pflanze an sich ganz in Ordnung. Der Platz passt aber nicht. Dann müssen Sie räumlich etwas ändern, bis es passt.

Klopfen Sie auch die Dinge in Ihrer Umgebung auf ihre energetische Auswirkung ab. Beachten Sie: Sie brauchen nicht alles rundum misstrauisch zu untersuchen. Aber wenn Ihnen auffällt, dass Sie sich in einem Raum unwohl fühlen oder sich seit der letzten Büro-Umgestaltung die Stimmung unter den Mitarbeitern verändert hat, wenn Sie intuitiv den Impuls erhalten, genauer hinzusehen – dann tun Sie das. Sie schulen damit Ihre Sensibilität und Ihre Wahrnehmung. Diese Eigenschaften werden Ihnen im Berufsleben von großem Nutzen sein.

Der O-Ring-Test zur Selbstanalyse ohne Testpartner

So aufschlussreich der Delta-Muskeltest ist, man kann ihn ohne Testpartner nicht durchführen. Dabei brauchen wir häufig gerade dann eine Information, wenn wir allein unterwegs sind: beim Einkaufen oder in einer geschäftlichen Alltagssituation, in einem Meeting oder einer Besprechung im kleinen Kreis.

Für solche Situationen eignet sich der *O-Ring-Test* ideal. Auch dieser entstammt dem körperorientierten Therapieansatz der Kinesiologie. Er basiert wie der Muskeltest auf der Erkenntnis, dass unsere gesunden Muskeln in Sekundenschnelle auf Reize reagieren. Ihr Körper zeigt Ihnen mit seiner veränderten Muskelkraft an, ob bestimmte Gedanken, Substanzen oder Gegenstände positiv oder negativ auf Sie wirken.

Da die Fingermuskulatur einfach greifbar ist, eignet sie sich für Selbsttests ideal. Sie können den O-Ring-Test mit Partner oder alleine durchführen.

So geht das:

Sie können den Test im Sitzen oder im Stehen durchführen, bei Bedarf unauffällig mit den Händen unter dem Tisch.

- Setzen (oder stellen) Sie sich körpersymmetrisch hin. Beide Beine stehen parallel (nicht überschlagen) fest am Boden. Die Knie berühren sich nicht. Halten Sie Oberkörper und Kopf aufrecht. Blicken Sie gerade nach vorne. Lassen Sie die Augen offen und lächeln Sie nicht.
- Denken Sie an Ihre Frage. Beim Einkaufen im Bettengeschäft könnte sie lauten: «Ist diese Matratze gut für meine Wirbelsäule?»
- Formen Sie mit Daumen und Ringfinger den Buchstaben O. Sie sollten die Finger so fest wie möglich zusammendrücken.
- Schieben Sie Daumen und Zeigefinger der anderen Hand in das O. Drücken Sie mit beiden Fingern nach außen. Versuchen Sie, das O auseinander zu drücken. Öffnet es sich leicht, ist die Antwort auf Ihre Frage «Nein». Der Muskel war schwach und konnte dem Angriff nicht widerstehen. Lässt sich dagegen der Fingerring nur gegen heftigen Widerstand öffnen, lautet die Antwort «Ja».

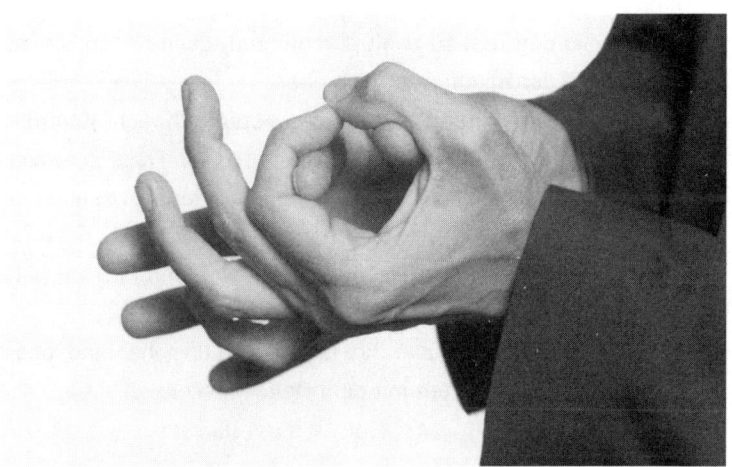

Die O-Ring-Methode: Ideal zum alleine Testen.

Was Sie über den O-Ring-Test wissen sollten

- Legen Sie vor dem Testen Armbanduhr und Mobiltelefon ab, schalten Sie das Handy zumindest aus. Halten Sie mindestens einen Meter Abstand zu eingeschalteten Computern, Notebooks, W-Lan-Sendern und anderen Störern.
- Achten Sie darauf, dass Sie ausreichend getrunken haben. Sonst erhalten Sie verfälschte Ergebnisse.
- Üben Sie den Test mit einfachen Allerweltsfragen. Die Methode ist zwar simpel. Die Herausforderung liegt darin, ein verlässliches Gefühl für die eigene Muskelstärke zu entwickeln. Durch einiges Üben werden Sie immer sicherer, wie sich eine normale (= starke) Muskelkraft anfühlt und wie eine schwache.
- Sie können auch den Zeigefinger, den Ringfinger oder den kleinen Finger anstatt des Mittelfingers probieren. Das hängt von der Stärke Ihrer Fingermuskulatur ab. Das O sollte mit normalem Kraftaufwand zu lösen sein.
- Benutzen Sie jenen Finger, der den Unterschied zwischen stark und schwach am deutlichsten anzeigt. Männer wählen daher oft den Ringfinger oder den kleinen Finger zusammen mit dem Daumen für ihr O.
- Sollten Sie den Test zu zweit durchführen, dann halten Sie die O-Hand mit der Handfläche nach oben.
- Führen Sie am Anfang immer eine «stark-schwach»-Kontrolle durch (Seite 54). Testen Sie bei einer positiven Frage schwach, benötigt wahrscheinlich Ihr Thymus eine Aktivierung (siehe Seite 39).
- Überprüfen Sie nun Ihre Testfragen. Sie werden erstaunt sein, wie viel stärker Ihre Muskeln geworden sind.
- Falls Sie sich anfangs über Ihre Ergebnisse unsicher sind, überprüfen Sie die Antworten mit dem Delta-Muskeltest.

Der O-Ring-Test kann auch mit Partner durchgeführt werden.

Überprüfen Sie Ihr Energie-Profil

Überprüfen Sie nun Ihr Energie-Profil von Seite 47 mit dem Muskeltest auf mögliche Schönfärbereien. Sie befragen sozusagen den «Biocomputer» in Ihren Körperzellen. Verdecken Sie am besten Ihre Antworten, die Sie zuvor gegeben haben, mit einem Blatt Papier. Sie sollten nur die Fragen lesen können. (Wenn Sie möchten, erhalten Sie ein neues Formular unter www.business-energy.de.) Bitten Sie eine Person Ihres Vertrauens, mit Ihnen schrittweise alle Fragen zu den neun Zonen durchzugehen. Stellen Sie die Fragen so:

«Bei wie vielen Punkten zwischen drei und fünfzehn stehe ich in diesem Lebensbereich? Drei bis neun?»

Nein.

«Zehn bis fünfzehn?»

Ja.

«Sind es Zehn?»

Nein.

«Sind es Elf?»

Ja.

Die Antwort für Ihren ersten Bereich ist elf. Testen Sie die anderen acht Bereiche Ihres Energie-Profils nach dem gleichen Muster. Notieren Sie Ihre Ergebnisse aus dem Muskeltest im dafür vorgesehen Abschnitt des Auswertungsblatts (Seite 195).

Sie wissen: Eine hohe Punktezahl ist positiv. Je höher, desto mehr profitieren Sie bereits von der Energie einer Zone. Je «schwächer» ein Abschnitt, umso mehr Energie liegt dort gerade brach. Sehen Sie sich die Bereiche mit zehn oder weniger Punkten genauer an. Hier versteckt sich Ihr größtes Energie-Potenzial!

Die Gesamt-Auswertung des Energie-Profils

Markieren Sie im Auswertungsblatt (Seite 195) jene Zonen mit Leuchtstift, in denen Sie beim Muskeltest am schwächsten abgeschnitten haben. Vergleichen Sie Ihr Ergebnis mit den beiden vorhergegangenen Tests:

- Sind die drei schwächsten Zonen nach dem Muskeltest dieselben, die sich auch aus den zwei Selbsttests ergeben haben (Balance-Check und Energie-Profil)?
- Ähneln sich Ihre Gesamtergebnisse einigermaßen? Weichen Ihre Werte aus den unterschiedlichen Tests um nicht mehr als ein bis zwei Punkte pro Zone voneinander ab? Wenn ja: Gratulation! Sie waren bei Ihrer Selbsteinschätzung realistisch.
- Größere Abweichungen sollten Ihnen zu denken geben.
- Überprüfen Sie die «Ausreißer». Meist erkennen wir schnell, warum wir uns in der betreffenden Zone zu einer nicht den Tatsachen entsprechenden Antwort hinreißen ließen.
- Im Zweifelsfall vertrauen Sie den Testergebnissen des Muskeltests. Wenn Sie den Muskeltest in guter Atmosphäre und in ordentlicher körperlicher und mentaler Verfassung durchgeführt haben, dürfen Sie ihm vertrauen.

Ihr erstes Gesamt-Ergebnis

Ermitteln Sie nun jene zwei bis drei Zonen, deren Verbesserung die meiste positive Energie in Ihr Leben bringen wird.

So geht das:

Führen Sie Ihre bisherigen Testergebnisse auf Ihrem Auswertungsblatt zu einem Endergebnis zusammen:

- Balance-Check (Seite 44)
- Selbsttest Energie-Profil (Seite 47)
- Muskeltest Energie-Profil (Seite 65)

Wahrscheinlich werden Sie Ihre Lage auf einen Blick durchschauen. Entscheiden Sie sich: Welchen Zonen möchten Sie in den kommenden Wochen Ihre besondere Aufmerksamkeit schenken? Für die meisten Menschen haben sich in den drei Tests eindeutige Favoriten herauskristallisiert. Sie sind dennoch unsicher? Halten Sie sich an das Ergebnis jenes Tests, der Ihnen am schlüssigsten erscheint.

Vermerken Sie hier Ihre Auswahl:

Meine drei To-Do-Zonen mit dem größten Potenzial

Zone a): Nr. _____

Zone b): Nr. _____

Zone c): Nr. _____

Gratulation: Sie haben die erste Hälfte auf dem Weg zu mehr Business Energy gemeistert. Wenn Sie Ihre Ziele mit genauso viel Elan umsetzen (mehr dazu ab Kapitel 3), feiern Sie bald erste Erfolge.

Was ist bisher geschehen?
- Sie kennen Ihren Energie-Status für alle Lebensbereiche.
- Sie wissen, welche Bereiche Sie weiterentwickeln sollten.
- Sie können mit dem kinesiologischen Muskeltest alle Dinge und Einflüsse daraufhin überprüfen, wie sie sich auf Ihre Lebensenergie und Ihr Wohlbefinden auswirken.
- Sie kennen Ihre schwächeren Lebensbereiche, in denen Sie viel Energie freisetzen und entwickeln können.

Wie geht es weiter?
Sie brauchen als nächstes Lösungsansätze, um an Ihren «Energie-Baustellen» zu arbeiten. Worauf kommt es an? Womit könnte ich anfangen? Ein neutraler Blick wird Ihnen helfen – darüber berichte ich im nächsten Kapitel. Dort finden Sie eine der faszinierendsten Problem-Auflöse-Techniken, die die Menschheit je entwickelt hat. Lassen Sie sich überraschen: Mit dieser «Klopftechnik» tanken Sie neue Energie! Ihre blockierten Potenziale kommen mit dieser Technik ins Fließen. Die Energie-Meridiane werden frei – oft nach vielen Jahren des Leidens. Freuen Sie sich auf die Auswirkungen: auf mehr Gesundheit, besseres Selbstverständnis, weniger Missgeschicke und Fehler. Sie werden an Zentriertheit, Effizienz und Lebensfreude gewinnen.

Kapitel 3

Bringen Sie Ihre Energien in Fluss

Sie können nun Ihre Vorhaben mit Schwung verwirklichen! Sie lernen in diesem Kapitel Ihre neun Lebensbereiche besser kennen, die sich zu drei übergeordneten Lebensthemen zusammenfassen lassen. Ich habe dieses Kapitel voll gepackt mit Tipps, wie Sie Ihre zwei oder drei aktuell wichtigen Einzelbereiche anpacken können. Sie werden bestimmt von Fall zu Fall unterschiedlich an eine Sache herangehen. Ihr Ziel aber bleibt gleich:

Befreien Sie sich von unnötigen Energieräubern! Werfen Sie überholte «Programme» über Bord und ersetzen Sie diese durch neue, positive Inhalte! Mit einem Wort: Bringen Sie Ihren Energiehaushalt in Harmonie! Holen Sie sich jene Lebendigkeit zurück, mit der Sie ursprünglich ausgestattet waren (als Baby)! Sie werden erkennen, dass Sie urplötzlich nicht nur mehr Spaß am ganzen Leben haben werden, sondern sich auch der Erfolg fast von selbst einstellt.

So gehen Sie am besten vor:
Ein, zwei oder drei Lebensbereiche sollten Ihnen (auch wenn Sie es noch nicht wissen) besonders am Herzen liegen. Das sind diejenigen Lebensbereiche, die Sie bislang (aus den Tests im vorigen Kapitel) nur als «Nummern» kennen. Sie haben sie auf Ihrem *Auswertungsblatt* eingetragen.

Hier erfahren Sie nun gleich, für welche Lebensbereiche welche Ziffern stehen.

Lesen Sie sich die Informationen und Tipps zu Ihren aktuell wichtigsten Lebensbereichen aufmerksam durch. Notieren Sie wichtige Einfälle gleich in Ihrer To-Do-Liste.

Die restlichen sechs bis acht Lebensbereiche berühren Sie momentan wahrscheinlich nicht so stark. Schauen Sie dennoch «drüber»:
Sie werden viele positive Bestätigungen erhalten und eventuell die
eine oder andere wichtige Idee für die Zukunft.

Idealerweise lesen Sie die Beschreibungen aller Bereiche genau.
Sie erkennen dadurch, wie intensiv alle Teile unseres Lebens miteinander verflochten sind. Wir unterscheiden nicht zwischen *wichtigen* und *weniger wichtigen* Lebensbereichen – sondern zwischen
«funktionierenden» oder *«weniger gut funktionierenden»*.

Energy-Tipp:
Verzetteln Sie sich nicht mit zu vielen Vorhaben! Sie können sich die
Vorgangsweise vereinfachen, wenn Sie eine neue To-Do-Liste anle-
gen. Teilen Sie die Liste in zwei Hälften. Oben notieren Sie alle Ideen,
die mit Ihren Hauptthemen in Zusammenhang stehen. Unten sammeln Sie alles andere. Sie haben damit eine bessere Übersicht. Sie
konzentrieren sich leichter auf Ihre vorrangigen Themen. Tragen Sie
auch Ihre Ideen von der ersten To-Do-Sammelliste (Seite 49) in die
neue Liste ein: geordnet oben oder unten.

Neun Zonen – neun Bereiche Ihres Lebens

Die Lebensbereiche 1 bis 9 symbolisieren bestimmte Bereiche Ihres Lebens. Ich habe sie bislang nur als Zahlen dargestellt. Warum?
So konnten Sie Ihre Tests und Auswertungen unbeeinflusst (etwa
von möglichen Wunschvorstellungen) durchführen. Hier finden
Sie die «Auflösung».

Das bedeuten die neun Lebensbereiche:

Lebensbereich 1 = *Karriere:* Der Fluss des Lebens

Lebensbereich 2 = *Partner:* Stabile Beziehungen bauen

Lebensbereich 3 = *Familie:* Krafttankstelle Elternhaus und Vorfahren

Lebensbereich 4 = *Wohlstand:* Die Fülle genießen

Lebensbereich 5 = *Zentrum:* Die Kraft der Mitte

Lebensbereich 6 = *Freunde:* Kontakte und Netzwerke

Lebensbereich 7 = *Projekte:* Kreativität und Vermächtnis

Lebensbereich 8 = *Lernen:* Mehr als Wissen

Lebensbereich 9 = *Ansehen:* Image, Ausstrahlung und Charisma

4 Wohlstand	**9** Ansehen	**2** Partner
3 Familie	**5** Zentrum	**7** Projekte
8 Lernen	**1** Karriere	**6** Freunde

Neun Lebensbereiche prägen unser Berufs- und Privatleben

Jeder der neun Lebensbereiche verfügt über eine wichtige Aufgabe in Ihrem gesamten Leben. Jeder Bereich beeinflusst seine unmittelbaren Nachbarbereiche und trägt zu Stabilität und Harmonie im Gesamtbild bei.

Sie können dieses Zusammenspiel der einzelnen Bereiche einfach überprüfen. Ermitteln Sie im Neunerbild die einzelnen Summen der horizontalen, vertikalen und diagonalen Achsen. Sie werden sehen: Alle Summen ergeben 15. Das ist die perfekte Balance.

Deshalb ist es so wichtig, dass jeder Lebensbereich die ihm zu-
gedachte Aufgabe vollständig erfüllt. Sonst würde diese perfekte
15er-Harmonie nicht entstehen.

Drei Lebensthemen prägen den Menschen

Ein besonders aussagekräftiges Analyse-Werkzeug ergibt folgende
Methode: Sie fassen dabei die neun Lebensbereiche des Balance-
Checks senkrecht zu drei «Lebensthemen» zusammen. Die drei
mittleren Felder stellen Ihre Gegenwart dar *(Ich-Thema)*. Links davon befindet sich die Dreiergruppe der Vergangenheit *(Werte-
Thema)*. Rechts stehen die drei Lebensbereiche der Zukunft *(Gestalter-Thema)*.

Möchten Sie wissen, welches übergeordnete Thema Ihr Leben
im Moment beherrscht? Sie können mit der weiter unten darge-
stellten Auswertung erkennen, ob Sie sich aktuell mehr mit dem *Ich*
beschäftigen sollten, mit den *Werten* – oder ob *Gestalten* ansteht.

Diese drei Themen treten zu unterschiedlichen Zeiten unseres
Lebens in den Vordergrund. Wer Lebenserfahrung hat und aufmerksam zurückblickt, wird merken: Bestimmte Ereignisse wiederholen sich in unregelmäßigen Abständen. Das trifft uns alle nach
bestimmten Mustern. Wir glauben gern: «Ach, diese Erfahrung
habe ich hinter mir.» Trotzdem tritt ein Lebensbereich manchmal
überraschend wieder ins Leben, meist zum ungünstigsten Zeitpunkt. Es geht nicht darum, zu sagen: «*Partnerschaft* habe ich ein
für alle mal erledigt.» Vielmehr sollten wir über jeden einzelnen Bereich so viel lernen, damit wir bei der nächsten Welle (und die
kommt bestimmt) obenauf bleiben und die neuen Herausforderungen leichter lösen können.

Weil wir manches immer wieder erleben, kommt es uns regelrecht bekannt vor – nach dem Motto: «nicht schon wieder». Ob wir
es wahrhaben wollen oder nicht – *wir reproduzieren uns selbst*, in allem, was wir tun!

Ich-, Werte- oder Gestalter-Thema?

Wenn wir lernfähig sind, ziehen wir aus Problemen und Fehlern die richtigen Schlüsse. Dann sind wir in der Lage, in einer ähnlichen Situation anders zu handeln – vorausgesetzt, wir sind bereit, über uns selbst nachzudenken. Das hört sich in unserer schnelllebigen und medial überfrachteten Zeit wie eine absurde Forderung an. Es geht darum, sich Zeit zu nehmen. Wann haben Sie Ihr tägliches Tun zuletzt kritisch hinterfragt? Wann haben Sie sich Fragen gestellt wie: «Passt mein Job noch zu mir? Bin ich auf dem richtigen Weg? Was möchte ich erreichen? Entfalte ich mich in dieser Partnerschaft so, wie ich es mir wünsche?»

Diese und viele weitere Fragen, die unser eigenes Ich betreffen, sollten am Anfang eines neuen Lebensabschnitts stehen. Manchmal tauchen sie auf, ohne dass wir etwas dazu tun müssen oder dass es uns sonderlich bewusst ist. Sie sind deshalb so wichtig, weil sie auf unsere Gedanken und unser Verhalten «reinigend» und klärend wirken.

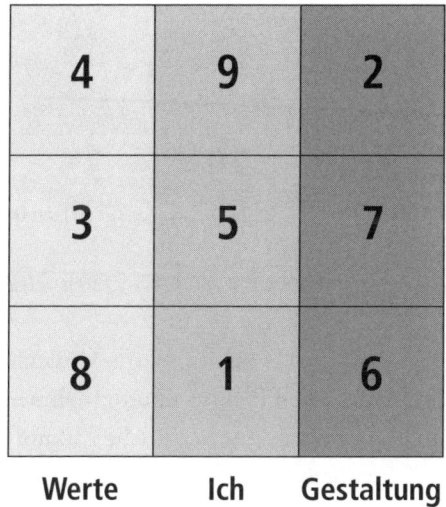

Jeweils drei Lebensbereiche ergeben ein Gesamtthema

Was bei jedem Neuanfang gut ist, gehört auch zu jedem Abschluss: Nachdenken und ehrliche Selbstreflexion. Sie werden den Nutzen schnell erkennen: beim nächsten spannenden «Abenteuer» (nichts anderes sind unsere alltäglichen Lebenserfahrungen).

So ermitteln Sie, welches Thema gerade Ihre «Leitenergie» widerspiegelt: Zeichnen Sie ein Quadrat mit neun Feldern, wie Sie es vom Balance-Check kennen. Tragen Sie die Ergebnisse Ihres Muskel-Tests ein. Ermitteln Sie die Summe der senkrechten Themenfelder.

9	11	10
14	8	10
13	10	15
36	**29**	**35**
Werte	**Ich**	**Gestaltung**

Ausgewerteter Balance-Check für Herrn Müller

Das Beispiel zeigt die Auswertung für Herrn Müller, den Einkaufsleiter eines mittelständischen Elektronikunternehmens. Herr Müller war sich unschlüssig über seine berufliche Zukunft und kontaktierte mich deshalb. Sein beruflicher Alltag machte ihm keine Freude mehr. Sollte er versuchen, sich innerhalb seines jetzigen Unternehmens zu verändern? Oder lieber den Job wechseln?

Wir fanden eine auffallend schwache Ich-Achse in Herr Müllers Analyse. Wenn jemand seinen persönlichen Weg in Frage stellt, kann man das an der Ich-Achse ablesen. Hier lag Herr Müllers schwächster Einzelbereich (Zentrum, 8 Punkte). Er bearbeitete diesen Lebensbereich zuerst (wie das geht, erfahren Sie ab Seite 82). Bald danach führte er ein Gespräch mit seinem Chef: Sie fanden gemeinsam eine gute Lösung für seine beruflichen Wünsche.

Anschließend bearbeitete Herr Müller auch seine anderen Schwachstellen. Erste Resultate stellten sich rasch ein. Nach etwas über drei Wochen kam schließlich auch Bewegung in sein festgefahrenes Privatleben: Heute ist Herr Müller glücklich verheiratet. Und sein Job macht ihm viel mehr Spaß.

Die drei Lebensthemen im Überblick
Zum ICH-Thema zählen Karriere, Zentrum, Ansehen.
Das WERTE-Thema umfasst Familie, Wohlstand, Lernen.
Beim GESTALTER-Thema geht es um Partner, Freunde, Projekte.

Im Idealfall haben Sie in jeder der drei Themengruppen ähnlich viele Punkte. Die höchste Punkteanzahl ist 45; alles ab 33 gilt als gut.

Sie werden häufig einen «Ausreißer» nach unten oder nach oben erkennen. Bestimmt reizt es Sie, zu wissen, wo Sie gerade stark (viele Punkte) oder schwach sind (wenig Punkte). Die schwachen Bereiche sollten Sie zu aktivem Handeln anregen. Sie wollen sich ja nicht mit einer unbefriedigenden Situation abfinden. Beschäftigen Sie sich als Erstes (und am aufmerksamsten) mit Ihrer aktuell schwächsten Phase. Wie können Sie diese Lebensphase stärken?

Sie finden auf den nächsten Seiten Beschreibungen für jeden Lebensbereich, zusammengefasst zu den drei Lebensthemen. Im Anschluss an jeden der neun Lebensbereiche folgen drei bis vier Vorschläge, wie Sie mehr Energie für den angesprochenen Lebensbereich freisetzen können.

Das Ich-Thema (Karriere, Zentrum, Ansehen)

Zur Ich-Energie gehören die Lebensbereiche «Karriere» (1), «Zentrum» (5) und «Ansehen» (9). Wenn wir uns mit unserer Ich-Energie beschäftigen, sehen wir unseren richtigen Weg deutlicher vor uns. Ziele werden klarer erkennbar. Wir vermeiden so Irrwege.

Mit zunehmender Lebenserfahrung gehen wir die Dinge gelassener und mit mehr Weitblick an. Schließlich spüren wir immer besser, was uns gut tut und zu uns «passt». Die Ich-Achse befindet sich nicht zufällig in der Mitte des Balance-Checks. Die Werte-Energie und die Gestalter-Energie sind zwar gleich wichtig – sie müssen sich jedoch der durch die Ich-Energie vorgegebenen «Marschrichtung» anpassen.

Lebensbereich 1 – Karriere: Der Fluss des Lebens

Frau Berger: Problemzone 1, Karriere
«Meine Arbeit ist eine Tretmühle»

4	9	2
3	5	7
8	**1** Karriere	6

Frau Berger träumte in ihrer Jugend davon, Sängerin zu werden. Weil sie ständig hörte, dass es in diesem Berufsfeld zu wenig Chancen gäbe, verwirklichte Frau Berger ihren Traum nicht. Sie fing als Sachbearbeiterin zu arbeiten an, wechselte mehrmals die Firma. Wenn eine Tätigkeit sie nicht befriedigt, sucht sie sich was Neues. Frau Berger fühlt sich wie in einer Tretmühle, doch sie sagt sich: Zumindest verdiene ich gut.

Nichts im Leben läuft ohne den Lebensbereich 1. In der Karriere-Zone beginnen und enden alle Zyklen. Die Karriere-Energie ist maßgeblich an jedem Anfang und Neubeginn beteiligt. Wir erstellen in ihr unseren «Lebensfahrplan». Haben wir keine klare Idee, wo es in unserem Leben hingehen soll, werden wir früher oder später zu Orientierungslosen und Suchenden. Dann droht uns die Gefahr, dass wir uns in der nächstbesten «Heilslehre» verlieren.

Selbstverständlich dürfen Sie auch Dinge spontan entscheiden: etwa mit einem Projekt loslegen, ohne vorher umfassende Konzepte zu erstellen. Spätestens aber, wenn der erste Schwung aus dem Projekt draußen ist, werden Sie nachzudenken beginnen. Das passiert immer dann, wenn Sie merken: Hoppla, da stimmt was nicht. Das Schicksal hilft häufig auch nach – wir werden krank, haben finanzielle Schwierigkeiten oder Probleme in der Partnerschaft. Viele Menschen fangen erst in Krisen nachzudenken an. Wir fragen uns auf einmal, worüber wir uns sonst gern hinwegtäuschen: Passen unsere Tätigkeiten noch mit unseren Wünschen und Zielen zusammen?

Hier haben wir es mit einer riesigen Schwachstelle in unserer Gesellschaft zu tun: Viele Menschen leben ein austauschbares Leben anstatt ihr eigenes. Sie arbeiten, um zu überleben. Sie rackern sich ab, um ihre Familie zu ernähren, um Auto, Wohnung oder Urlaub zu bezahlen. Die meisten Menschen finden keine Freude an ihrer Arbeit. Noch schlimmer: Was sie tun und wie sie es tun, hat keine Bedeutung für sie. Es ist ein bisschen wie moderne Sklaverei: Wir entfalten und entwickeln nicht unsere persönlichen Leidenschaften und Talente bei unserer Arbeit. Vielmehr verkaufen die meisten Menschen ihre Lebenszeit. Sie geben sich der Illusion hin: «Ich halte mich mit dem Geld schadlos für den Arbeitsfrust.» Das ist ein schwerwiegender Irrtum: Die meisten Menschen merken irgendwann, dass sie sich mit billigem Zeitvertreib und wertlosem Tand haben abspeisen lassen. Dann sind ihre so genannten besten Jahre vorbei. Ihre Lebensenergie nimmt ab – was bleibt, ist Resignation. Wie zynisch vergeuden wir so Ressourcen! Wie sehr missachten wir Talente.

Wie soll unter solchen Umständen etwas Außergewöhnliches entstehen? Wie sollen solche Kollegen oder Führungskräfte ein Feuer der Leidenschaft in einem Unternehmen entzünden? Wie sollen solche Väter und Mütter ihren Kindern ein nachahmenswertes Modell vorleben?

Die Zone 1 beeinflusst Ihren ganzen Energiefluss. Stellen Sie sich einen Gartenschlauch vor, den Sie nach dem «1 bis 9»-Muster des Balance Checks (Seite 44) auslegen. Bei «1» schließen Sie ihn an die Wasserleitung an und drehen den Hahn auf – das Wasser (=die Energie) beginnt zu fließen. Ist der Schlauch frei von Verunreinigungen und nirgends geknickt, fließt das Wasser mühelos zum anderen Ende. Alle «Teile des Systems» sind gleichmäßig gut mit Energie versorgt.

Auf unser Leben übertragen bedeutet dieses Bild: Jeder «Knick» erzeugt eine «Störung». Dort gibt es Widerstand im Fluss Ihrer Energie. Ein ungelöster Konflikt kann uns genauso «knicken» wie ein anstehendes Problem, eine Angst oder ein erwartetes unangenehmes Ereignis. Wir kennen dieses Gefühl: Alles wird mühsamer, es «klemmt». Um diese Schwachstellen müssen wir uns besonders kümmern, damit die Energie wieder frei fließen kann.

Auch große Probleme beginnen unscheinbar. Schon die kleinsten Zweifel, z. B. über den beruflichen Weg, können den Energiefluss im Lebensbereich «1» spürbar hemmen. Die Energie beginnt zögerlicher zu fließen, strömt nicht mehr richtig weiter zu den Nachbarlebensbereichen: von der Karriere zu Zone «2», der *Partnerschaft*, von dort zur Zone «3» (*Familie*), und so weiter ...

Energy-Tipps für den Fluss des Lebens

Folgen Sie den Energy-Tipps für Ihren Lebensbereich 1 – Sie werden schnell bemerken, wie Ihre Energie in der Karriere-Zone wieder freier fließt.

1. Schalten Sie Ihre Energieräuber aus

Vieles kostet Energie und hält uns von Wichtigem ab. Jeder Mensch erduldet eine Reihe kleinerer oder größerer «nervender» Dinge: Im Schnitt summieren sich diese «Unpässlichkeiten» zu insgesamt 70 bis 150 Energie raubenden Themen, Schwächen und Problemen – zu jedem Zeitpunkt unseres Lebens. Wir schlucken vieles runter, manches registrieren wir nicht einmal bewusst. Jedes Störereignis knabbert beständig an unserem Wohlbefinden und unserer Lebensfreude. Das erschöpft unseren Energievorrat. Wie viel Energie vergeuden Sie täglich durch sinnlose Nebensächlichkeiten?

Identifizieren Sie Ihre schlimmsten Energieräuber, um sie erfolgreich los zu werden! Listen Sie zu diesem Zweck spontan alle Energieräuber auf. Beginnen Sie mit den nahe liegenden Dingen: Wohnen, Partnerschaft, Gesundheit und Arbeit. Sammeln Sie alles, was Ihnen einfällt. Sie werden sehen: Je öfter Sie mit dieser Energieräuberliste arbeiten, umso bewusster werden Ihnen die Dinge. Erfassen Sie auch Kleinigkeiten. Sie kosten uns zusammengenommen die meiste Energie. Hier ein paar Beispiele: «Meine Nachbarin grüßt mich nicht, die Bürotür lässt sich nicht versperren, mein Partner hat Mundgeruch, das Auto gehört geputzt, der Computer stürzt immer ab, der Müll wird nie rausgetragen, die unerledigte Post oder der Zeitschriftenstapel gehören aufgearbeitet, ich sollte das Büro aufräumen, meine Amalgam-Plomben müssten raus ...»

Manches können Sie nicht so schnell ändern. Sie werden Ihr Wohnhaus nicht von Nord nach Süd drehen können. Schreiben Sie trotzdem auch die scheinbar unveränderbaren Dinge auf Ihre Liste. Zum Beispiel: «Zu wenig Sonne in der Wohnung, mein Partner schnarcht, keine Aufstiegschancen im Beruf, mein Chef setzt mich in der Öffentlichkeit herab» – jedes Thema in eine eigene Zeile.

Checken Sie Ihre Liste gleich: Was können Sie sofort oder rasch erledigen? Was können Sie heute noch lösen? Reservieren Sie in der nächsten Woche ein paar Stunden: Arbeiten Sie dann so viele Punkte wie möglich ab. Sie belohnen sich selbst am meisten: Jeder Punkt, den Sie erledigen, macht Energien frei! Sie können diese sicher woanders sinnvoller einsetzen. Streichen Sie erledigte Punkte gut sichtbar aus der Liste. Ergänzen Sie Ihre Liste um neue oder vergessene Aspekte. Bewahren Sie Ihre Liste griffbereit in Ihrer Nähe auf.

Schauen Sie öfters nach, was Sie als Nächstes erledigen könnten. Sie werden bald merken: Vieles lässt sich ziemlich einfach lösen! Manches Problem verschwindet «wie durch ein Wunder». Selbst unveränderbare Dinge kommen oft in Bewegung.

2. Weg mit «muss» und «soll»

Zwang macht unfrei. Viele Menschen geraten in Zwänge. Warum? Sie steuern ihr Leben nicht selbst, sondern lassen sich treiben. Das kann sich fatal auswirken: Wenn unser Job, unsere Partnerschaft, eine Kooperation oder ein Projekt nicht unserem eigenen Antrieb entspringen, passen sie häufig nur schlecht zu uns. Auch wenn wir uns eifrig bemühen – wir spüren irgendwann: Wir machen uns was vor. Doch um uns Fehler nicht einzugestehen – dann müssten wir ja glatt etwas ändern! –, legitimieren wir lieber das Dilemma. Wir zementieren Abhängigkeiten ein – wir zeugen lieber Kinder, statt eine problematische Beziehung zu ändern. Wir nehmen Kredite auf und kaufen Häuser – alles in dem Wunsch, etwas Instabiles zu festigen.

Durchleuchten Sie Ihre inneren Muss- und Soll-«Programme». Manche sind o.k. Andere verbrauchen viel Energie. Welche können Sie los werden? Wo können Sie sich aus einer Abhängigkeit befreien? Wo müssten Sie nur an den Rahmenbedingungen etwas ändern, um Energie zu gewinnen? Wo macht Ihnen Ihre Sturheit die Sache schwerer als nötig? Gewinnen Sie womöglich viel «Freiheit» zurück, wenn Sie flexibler mit sich und anderen umgehen?

3. Der richtige Job?

Können Sie sich vorstellen, man hätte Einstein zu einem Fließbandjob gezwungen? Was wäre aus seinem Talent geworden? Das gilt auch umgekehrt. Der amerikanische Business-Trainer Martin Sage formuliert es so: «In jedem Menschen steckt ein Picasso.» Er meint damit: Jeder Mensch verfügt über besondere Fähigkeiten, die in dieser Form niemand anderer hat. Wir müssen sie «nur» entdecken und umsetzen.

Leicht gesagt, werden Sie einwenden. Ja – aber nur so werden Sie Dinge ins Positive drehen. Darauf zu hoffen, dass Ihnen ein Talente-Scout auf der Straße den Traumposten anbietet, ist Illusion. Das mag bei Fotomodellen vorkommen, die ihre Schönheit für alle gut sichtbar herzeigen und somit leichter entdeckt werden können, aber auch bei denen selten.

Werden Sie lieber selbst aktiv. Beginnen Sie mit folgenden Fragen: Was tun Sie besonders gerne? Bei welchen Tätigkeiten hüpft Ihr Herz vor Freude? Bei welcher Arbeit bleibt die Zeit regelrecht stehen? Welche Fähigkeiten könnten Sie anderen als Dienstleistung oder als spezielles Produkt anbieten?

Wie Sie das umsetzen? Probieren geht über Studieren. Machen Sie ein Mini-Projekt. Organisieren Sie einen Vortrag. Starten Sie ein Nachbarschaftsprojekt. Bringen Sie Ihre Fähigkeiten dort ein – auch als Volontär –, wo ein Bedarf dafür ist. Versuchen Sie trotzdem, etwas Geld damit zu verdienen. Dann sehen Sie: Wie geht es Ihnen bei dieser Tätigkeit? Könnte man das ausbauen? Ergibt sich vielleicht eine noch bessere Idee? Behalten Sie sich ein Auffangnetz: Kündigen Sie nicht gleich Ihren Job. Sammeln Sie erst Erfahrungen und Vertrauen in Ihre Fähigkeiten. Knüpfen Sie ein Netzwerk.

Testen Sie Ihre Möglichkeiten und Ideen von Anfang an mit dem Muskeltest durch. Was stärkt Sie – auch wenn Sie Angst vor Ihrer eigenen Courage haben? Was wäre toll, wenn Sie es schaffen? Testen Sie es aus – und setzen Sie es um. Danach sind Sie schlauer. Jedes Experiment ist besser, als wenn Sie sich zu Hause bedauern für nie wahrgenommene Chancen. Das Leben ist zu kurz dafür. Übrigens: Sie wollen als interessanter Partner gesehen werden? Ein «Traumich-nicht» hat auch dabei nicht die besten Karten. Also: Los geht's!

P.S.: Ich habe eine Möglichkeit für alle Ihre Erfahrungsberichte unter www.business-energy.de eingerichtet. Ich bin schon sehr gespannt.

Lebensbereich 5 – Zentrum: Die Kraft aus Ihrer Mitte

4	9	2
3	**5** Zentrum	7
8	1	6

Haben Sie sich schon gefragt, was das Besondere an einem italienischen Marktplatz ist? Wir finden viele dieser Plätze gar nicht so besonders schön. Trotzdem faszinieren sie uns. Warum? Hier *leben* Menschen. Groß und Klein, Alt und Jung, Arm und Reich, Gäste und Einheimische – alle fühlen sich angezogen. Die Menschen verabreden sich auf dem Platz, tauschen Informationen aus, kaufen ein oder genießen einen Espresso. Warum zieht uns ein solcher «Platz» dermaßen an – im Gegensatz zu vielen modernen Plätzen, die häufig verwaist und unattraktiv wirken?

Jede von Gebäuden, Mauern oder Bäumen umgebene Freifläche wirkt auf uns wie eine «Lichtung» im Wald: als offener und überschaubarer Raum, der uns Sicherheit gibt. Wir sehen alles, und fühlen uns durch die Umgrenzung geborgen. Elemente wie Wasser (Brunnen waren auf Plätzen immer ein zentrales Element), Bäume (der Dorfbaum) oder Nahrungsmittel (die Händler) nähren unsere Bedürfnisse nach Schutz, Nahrung, «Dazugehören» und Lebendigkeit.

Plätze sammeln Lebensenergie

Jeder belebte Platz *sammelt* und *verteilt* Lebensenergie. Jeder Mensch bringt Energie auf einen Platz und holt sich im Austausch etwas von dort. An belebten Plätzen «erfrischen» und regenerieren wir unser Energiesystem. Viele wichtige Gebäude wie das Rathaus oder die Kirche liegen daher traditionell an guten Plätzen.

Zu welchen Plätzen kommen die Menschen immer wieder gerne? Moderne Stadtplätze sind oft zu steril. Sie bieten wenig Abwechslung, bleiben menschenleer und beleben uns nicht. Wenn es dort nichts Neues zu erleben gibt, wenn wir uns nicht einmal gemütlich hinsetzen und verweilen können, zieht es uns dort nicht hin. Die Menschen finden diesen Platz nicht interessant. Was hat das alles mit uns zu tun?

Erstens: Jeder Mensch braucht ein Mindestmaß an physischem Raum, um sich zu entfalten. Ein Ort der Geborgenheit ist der Nährboden für Ideen. So etwas spornt an, uns zu entwickeln. Ein paar Quadratmeter für sich in Anspruch zu nehmen ist ein menschliches Grundbedürfnis. Nicht nur das Auto sollte einen «eigenen Raum» (Garage) haben – auch Eltern von Kindern haben ein Recht auf einen Rückzugsbereich. Unternehmen übergehen dieses menschliche Grundbedürfnis oft, wenn sie Großraumbüros oder «Desksharing» praktizieren. Die logische Folge: Menschen, die so arbeiten müssen, fühlen sich zunehmend entwurzelt. Die Mitarbeiter haben oft nicht einmal einen fixen Arbeitsplatz und nur wenig oder keinen Eigenraum. Wie sollen sie unter solchen Umständen die bestmögliche Leistung erbringen? Fühlen sich solche Menschen mit ihrem Arbeitgeber eng verbunden?

Zweitens: Wir brauchen einen «inneren Raum», um aufzutanken. Das ist ein Ort, an dem wir uns selbst begegnen können. Wir gleichen dort Energie raubende Emotionen aus: Angst, Zweifel, Neid – alles, was uns «engstirnig», verschlossen, überkritisch macht. Denn wir nehmen heute oft nicht einmal die positivsten Dinge mehr als solche wahr.

Drittens: So, wie wir leben, *erzeugen* wir geistige und emotionale Räume in anderen und für andere. Daraus kann im Idealfall etwas Lebendiges wachsen und gedeihen. Häufig passiert das Gegenteil: Unternehmen hemmen ihre Mitarbeiter. Vorgesetzte wundern sich dann, dass nichts Innovatives herauskommt – dabei tragen sie selbst dazu bei: Sie beschneiden Verantwortung, stärken starre Hierarchien, schränken Freiheiten ein und geizen mit Anerkennung.

Innere und äußere Räume

Dennoch: Lassen Sie auch das schlechteste äußere Umfeld nicht als Ausrede gelten! Wir sind für unsere inneren und äußeren Räume ebenso selbst verantwortlich wie für alles andere in unserem Leben. Wer sich verbissen auf materiellen Erfolg oder «Ruhm» konzentriert, macht seine Räume eng. Wir verlieren dabei jene unbekümmerte Lebendigkeit, die uns auf einem Marktplatz so fasziniert.

Wenn wir den Augenblick nicht genießen können, haben wir unser Leben eingeengt und das anderer gleich mit dazu. Auch wenn wir das meist nicht wahrhaben wollen. Statt Offenheit, Weitsicht, Toleranz und Lebensfreude regieren allzu oft Selbstsucht und Misstrauen. Wir fühlen uns wie getrieben von einer fremden Macht. Hier ist der heilsame «Raum» verloren gegangen. Nicht umsonst ist Freiheitsentzug im Kerker, mit dem Verlust an Beweglichkeit und Eigenraum, eine so schreckliche Erfahrung.

Sich selbst mehr Raum gönnen

Warum erdulden wir so viele Strukturen, die uns unfrei machen? Lohnen sich die verbissenen Anstrengungen wirklich? Wofür? Geht es mir gesundheitlich oder seelisch besser mit dem neuen Job, der neuen Partnerin, dem neuen Haus? Bin ich öfter ungeduldig und reizbar? Was kostet Energie, was zehrt an meiner Souveränität?

Achten Sie darauf: Alles, was Ihr Leben hektisch und unruhig macht, geht zu Lasten Ihrer eigenen Mitte. Alles, was Ihre Souveränität angreift, verbraucht Lebenskraft. Möchten Sie dies ändern? Dann halten Sie sich an das wichtigste Business-Energy-Prinzip: «Weniger ist mehr!» Zum Beispiel:

Weniger Stress – mehr Freizeit
Weniger neue Projekte anfangen – lieber bisherige abschließen
Weniger neue Bücher – lieber die alten lesen
Weniger öffentliche Auftritte – lieber mehr Zeit privat verbringen

Weniger Schulden machen – lieber besser mit dem haushalten, was man hat

Weniger Meetings – lieber delegieren

Weniger Leerläufe – lieber rechtzeitig die Dinge auf ihren Sinn überprüfen

Die Energy-Tipps für Ihre Kraft der Mitte

Die folgenden vier Tipps sollen Ihnen helfen, die Kraft der Mitte für sich zu erschließen.

Versuchen Sie, Ihre richtige Mischung aus Aktivität und Gelassenheit, aus Engagement und Rückzug, aus Zentriertheit und Berührbarkeit zu finden.

1. Sie sind so stark wie die Störungen, die Sie still hinnehmen

Lassen Sie zu, dass jemand Sie vor anderen herabsetzt? Machen sich andere über Sie lustig? Bleiben Ihre Anliegen und Wünsche unberücksichtigt? Erwarten die Menschen von Ihnen, immer und überall verfügbar zu sein? Belächeln andere Menschen Ihre Ansichten? Wenig ist so schlimm für Ihren Selbstwert wie Missachtung oder Geringschätzung.

Schreiben Sie alle negativen Erlebnisse, die Sie mit anderen Menschen haben oder hatten, ebenfalls auf Ihre Liste der Energieräuber. Erlernen Sie die Fähigkeit, «Nein» zu sagen. Mit jedem Nein zu einem entwürdigenden Verhalten sagen Sie nämlich Ja zu sich selbst.

Bevor Sie das nächste Mal etwas hinunterschlucken und sich klein machen lassen: Stehen Sie auf und wehren Sie sich. Reagieren Sie sofort auf einen Angriff. Oder klären Sie einen unangenehmen Vorfall bei der ersten Gelegenheit unter vier Augen. Erklären Sie, wie sich die Sache aus Ihrer Sicht darstellt. Machen Sie deutlich, was Sie in Zukunft nicht mehr tolerieren.

Halten Sie sich vor Augen: Weder ein gut bezahlter Job noch eine Partnerschaft sind es wert, sich auf Dauer demütigen zu lassen.

Denn: Was kränkt, macht krank. Klären Sie die Dinge: konstruktiv, klar und deutlich.

Sie werden sich danach sicher besser fühlen. Fast immer wird sich der andere für seine Gedankenlosigkeit entschuldigen und in Zukunft anders handeln. Zeigt er oder sie keine Einsicht, wissen Sie wenigstens, woran Sie sind und wie Sie weiter vorgehen sollten.

2. Gehen Sie sorgsam mit Ihrer Zeit um

Ein Tag hat nur 24 Stunden, auch für Sie! Siebeneinhalb Stunden davon sollten Sie schlafen – gut schlafen (siehe auch Seite 159) –, das hat eine weltweite Studie der University of California, San Diego, ergeben (veröffentlicht 2002 im Archives of General Psychiatry. Der Wissenschaftler Daniel F. Kripke untersuchte dazu 1,1 Millionen Menschen). Wer so lange schläft, hat die höchste Lebenserwartung. (Weder längere noch kürzere Schlafzeiten sind besser.) Ziehen wir eine halbe Stunde Einschlaf- und Aufwachzeit ab, so bleiben 16 Wachstunden, die Sie für Arbeit und Privatleben nutzen können.

Finden Sie heraus, zu welcher Tageszeit Sie Ihre Hochleistungszeit haben! Am Vormittag? Vergeuden Sie diese Zeit nicht mit Meetings oder dem Beantworten von E-Mails. Reservieren Sie Ihre besten Stunden für die wichtigsten Projekte, fürs Planen und für Entscheidungen. Alles andere wandert in die «Leerzeiten».

Führen Sie in den nächsten Wochen Buch, wofür Sie tatsächlich wie viel Zeit verbrauchen. Eliminieren Sie anschließend die schlimmsten Zeiträuber. Selbst wenn Sie täglich nur 10 Minuten einsparen, sind das übers Jahr gerechnet gleich 37 Stunden – eine Arbeitswoche! 30 Minuten Ersparnis pro Tag bringen Ihnen volle drei Arbeitswochen.

Lesen und bearbeiten Sie E-Mails nicht sofort. Das reißt Sie ständig aus Ihrem Arbeitsfluss. Gewöhnen Sie sich an, Ihre E-Mails zu drei oder vier über den Tag verteilten Fixzeiten zu beantworten, das reicht allemal.

Ein Hinweis für Arbeitgeber und Vorgesetzte: Die leistungsstärksten Mitarbeiter sind nicht unbedingt diejenigen, die extrem viel Zeit in der Firma verbringen. Diese sollten Ihnen vielmehr zu denken geben. Niemand kann über viele Stunden voll konzentriert und leistungsfähig sein. Top-Kräfte sind jene, die Spitzenergebnisse in der kürzest möglichen Zeit erzielen können. Diese finden genügend Kraft und Zeit für die Energietankstelle «Privatleben». Von ihnen hat die Firma letztlich mehr als von Workaholics. Statt schlechtes Gewissen zu erzeugen, wenn jemand um 17 Uhr das Büro verlässt, fragen Sie lieber die Langarbeiter: «Was tun Sie noch hier»? (Anmerkung: Dies gilt nicht für Betriebe, in denen wegen Mitarbeitermangel oder durch aktuelle Erfordernisse Überstunden unumgänglich sind.)

3. Machen Sie Ihre Grenzen weit

Aus den Erkenntnissen der Quantenphysik wissen wir: Es gibt für jedes Ereignis mehrere parallele Realitäten. Alles, was auf dieser Welt geschieht, könnte auch in vielen anderen Szenarien vor sich gehen. Manchmal entscheiden wir uns, an einer Kreuzung links abzubiegen, obwohl wir genauso gut nach rechts abbiegen oder geradeaus fahren könnten.

Warum entscheiden wir uns in einer Situation so und nicht anders? Das hat mit unseren persönlichen Prägungen, Erfahrungen und Vorlieben zu tun. Unsere möglichen Schritte sind bis zu einem bestimmten Grad vorhersehbar, bevor wir etwas erleben. Wir schreiben ständig unser eigenes «Lebens-Script», genau wie ein Drehbuchautor.

Das hat Vorteile und Nachteile. Der Vorteil: Wir suchen gern Vertrautes (das häufigste Szenario). So wissen wir einigermaßen, worauf wir uns einlassen. Wir verlassen die bekannte «Autobahn» nicht, auch wenn verlockende Seitengässchen zum Abbiegen einladen. Der Nachteil: Wir versäumen viele tolle Ereignisse. Faszinieren uns deshalb jene Menschen so sehr, die «anders» als die Masse sind, die sich trauen, ihre Individualität auszuleben? Wir bewundern «Celebrities» für das, was wir selbst nicht ausleben: Mut, Charisma, konsequentes Handeln, Selbstbewusstsein, Spontaneität usw.

Selbst wenn Sie es nicht zum Formel-1-Weltmeister schaffen, ein bisschen können Sie Ihre Grenzen überschreiten (selbstverständlich im legalen Rahmen). Beginnen Sie damit, morgen auf einem anderen Weg zur Arbeit (zu einem Kunden, zum Einkaufen) zu fahren. Tanken Sie bei einer anderen Tankstelle. Essen Sie zu Mittag etwas Unbekanntes. Besuchen Sie einen Film in einer Sprache, die Sie nicht verstehen. Wählen Sie Ihr Urlaubsziel mit dem Wurfpfeil auf der Landkarte. Bringen Sie jeden Tag einen fremden Menschen zum Lachen. Kaufen Sie ein Lotterielos. Überraschen Sie Ihre Partnerin (Ihren Partner) mit einem Tanzkurs. Lernen Sie Gitarre spielen. Singen Sie Karaoke und unternehmen Sie sonst was Neues! Hauptsache, es macht Spaß und Sie tun was Unbekanntes. Sie werden sehen: Sie spüren sich bald mehr. Ihre Glückshormone werden sprudeln – und damit Ihre Lebensenergie. Je mehr uns eine Sache fordert, umso schöner ist das Glücksgefühl, wenn man es tatsächlich gewagt hat. Neues bedeutet Leben (und somit Lebendigkeit), Altbekanntes bedeutet Vergangenheit.

4. Achten Sie auf Ihre Gesundheit

Muten Sie Ihrem Auto schlechten Service zu? Nein? Sehen Sie, bei sich selbst sind Sie nicht so konsequent. Sie würden beim Auto die Rechnung bald präsentiert bekommen und Ihren Fehler bereuen. Unser Körper ist viel geduldiger – bis es ihm irgendwann doch zu viel wird. Das kann Jahre oder Jahrzehnte dauern. Wenn «plötzlich» eine Erkrankung auftaucht, fallen wir aus allen Wolken: «Warum gerade jetzt, warum ich?»

Achten Sie auf Ihr Gleichgewicht zwischen Stress und Erholung. Betreiben Sie einmal Raubbau an Ihren Kräften, dann gleichen Sie das am besten rasch durch die passenden Maßnahmen für Ihre Gesundheit aus. Damit erhöhen Sie Ihre Chancen, Ihren Ruhestand gesund zu erleben.

Auch wenn Sie sich nicht zum Gesundheitsapostel eignen – finden Sie zumindest heraus, welche Nahrungsmittel Ihnen gut tun und welche Ihrem Körper Probleme verursachen. Nahrungsmittel sind immerhin unser «Treibstoff». Mit ihnen bauen wir unsere Energien auf – oder wirbeln sie durcheinander.

Praktisch jeder Mensch verträgt bestimmte Nahrungsmittel nicht. Das erkennt man häufig nicht – außer wenn eine Allergie oder eine andere spürbare Reaktion auftritt. Nichtsdestotrotz verliert der Körper eine Menge Energie, wenn er ein störendes Nahrungsmittel verarbeiten muss.

Am einfachsten finden Sie mit dem Muskeltest heraus, was Ihnen gut tut: Verträgt Ihr Körper Ananas? Tofu? Schnitzel? Sie können auch mit Hilfe eines Ganzheitsmediziners oder ganzheitlich arbeitenden Ernährungsberaters Ihre Unverträglichkeiten heraustesten. Die Belohnung stellt sich oft schnell ein – durch ein besseres Lebensgefühl, mehr Energie und besseren Schlaf.

Eine gute Kontrollmöglichkeit: Unverträgliche Lebensmittel bewirken einen erhöhten Herzschlag. Eine halbe Stunde nach dessen Verzehr ist unser Puls um 10 oder mehr Schläge/Minute höher. Zwei Stunden später ist der Herzschlag wieder normal.

Lebensbereich 9 – Ansehen: Image, Ausstrahlung und Charisma

Herr Steiner, Problemzone 9, Ausstrahlung
«War's das schon?»
Herr Steiner hat nach einem technischen Universitätsabschluss Karriere in einem Elektrotechnik-Unternehmen gemacht. Jetzt ist er 40 Jahre alt und Geschäftsführer. Er ist verheiratet und hat zwei Kinder. Er sieht seine Familie kaum im Wachzustand. Ein Porsche parkt in der Garage, ein Star-Architekt baut ihm gerade seine Traumvilla. Trotzdem fragt sich Herr Steiner: «War das jetzt alles?»

4	**9** Ansehen	2
3	5	7
8	1	6

Fragen Sie sich manchmal: Wofür lohnt sich eigentlich mein Streben? Hat das ganze Abstrudeln einen Sinn? Auch wenn die Lebensumstände der über sechs Milliarden Erdenbürger sich stark unterscheiden: Jeder Mensch möchte gerne ein bedeutendes Leben führen, möchte in einem positiven Sinn wichtig sein. Genau deswegen bleiben wir ja am Morgen nicht im Bett. Wir suchen nach dem Sinn unseres Lebens – wenn auch häufig nicht bewusst.

Viele Menschen suchen Erfüllung in materiellem Erfolg. Geld, Macht, Ruhm und Status sind aber vergänglich. Das spüren wir – und sind selten richtig glücklich, auch wenn wir vieles besitzen, worum uns andere beneiden.

Wahrer Erfolg ist anders: Er ist jene innere Zufriedenheit, wenn wir mit uns und unserem Leben in Harmonie sind. Das heißt nicht, dass man den materiellen Genüssen entsagen muss, im Gegenteil. Es bedeutet vielmehr, unser Leben nach unseren eigenen Werten zu gestalten. Dafür brauchen wir klare moralische Maßstäbe, an denen wir uns orientieren können.

Wer sich an seine selbst definierten Werte hält, wird sich glücklicher und zufriedener fühlen. Es geht nicht darum, Ego-geprägte Business- oder Erfolgsziele zu erreichen. Was zählt, sind die stillen Abmachungen mit sich selbst, die auf ethischen Grundsätzen und persönlichen Empfindungen aufbauen.

Ihr Vertrag mit sich selbst
Welche Vereinbarungen haben Sie mit sich selbst geschlossen? Verfolgen Sie rein finanzielle, geschäftliche oder Haben-Ziele? Dann gehen Sie am besten heute noch in Klausur mit sich selbst. Überprüfen Sie Ihr Leben: Was tut sich gerade? Was davon ist Ihnen viel

wert und wird Ihnen auch morgen viel bedeuten? Wofür lohnt es sich zu kämpfen? Sie werden es rasch merken: Die meisten Erfahrungen, denen wir Zeit und Energie schenken, sind ziemlich unwichtig und vergänglich. Falls Ihnen bereits während des Lesens einiges bisher Wichtige sinnlos erscheinen sollte – fantastisch.

Überlegen Sie: Was würde Ihnen wirklich Befriedigung verschaffen? Worauf können Sie gerne umgehend verzichten? Was sollte mehr Aufmerksamkeit erhalten?

Sie werden Ihr Leben gleich viel klarer sehen. Der Effekt wird Sie möglicherweise überraschen: Sie wirken auf andere Menschen zusehends anziehender! Weil Sie immer mehr Sie selbst werden, entwickeln Sie sich für andere, die diesen Zustand noch nicht erreicht haben, zum Vorbild. Ihre Vereinbarung mit sich selbst, sich weiter zu entwickeln, formt Ihre Persönlichkeit – und schafft Charisma. Damit sind Sie angesehen!

Das Leben wird Sie auch weiterhin vor Herausforderungen stellen. Aber Sie werden diesen wacher, bescheidener und lernbereiter begegnen. Sie lernen, zwischen wichtigen und unwichtigen Dingen zu unterscheiden, und schenken Ihre Aufmerksamkeit immer öfter den lohnenswerten Anliegen.

Nebenbei entsteht Ihr Vermächtnis an die Welt. Man braucht dafür keinen öffentlichen Beifall. Ihre Gewissheit wird Ihnen genügen, dass Sie für einen anderen Menschen oder eine Sache etwas Wichtiges getan haben oder etwas Bedeutungsvolles vollbracht haben. Tun Sie uneigennützig Gutes für andere Menschen. Dies ist eines der schönsten Geschenke, das man sich selbst machen kann. Sie werden sich so nachhaltiger befriedigt fühlen als bei jedem noch so großen «Business-Erfolg».

Energy-Tipps für Lebensbereich 9 – für Ihr Ansehen

Mit den folgenden drei Tipps balancieren Sie Ihre Charisma-Energie aus.

1. Passen Sie gut auf sich auf

Viele Menschen laufen mit tiefen seelischen Wunden durchs Leben. Enttäuschungen haben sie zu zynischen, egoistischen und verschlossenen Pokerfaces gemacht. Solche Menschen leben nicht wahrhaftig, sie sind nicht sie selbst. Die Folge ist: Sie rauben ihrer Umgebung viel Energie. Sie lösen, ohne es zu wollen oder zu wissen, Stress, Spannungen und Probleme aus. Viele Menschen kommen deshalb von ihrem eigenen Weg ab, weil sie sich zu sehr von solchen angeblichen Freunden beeinflussen lassen.

Passen Sie auf, mit welchen Menschen Sie sich umgeben. Hinter so manchem lächelnden Gesicht und vielen freundlichen Worten verbergen sich Neid, Hass, Verachtung, Ablehnung, Vorurteile, Eigennutz oder Habgier.

Am effektivsten wehren Sie negative Energien ab, wenn Sie zentriert sind. Sie erinnern sich wahrscheinlich an so manches Ärgernis, das Sie mit stoischer Gelassenheit überwunden haben. Sie waren zu dem Zeitpunkt wahrscheinlich ausgeglichen und ruhten in Ihrer Mitte. Sie waren nicht zu erschüttern. Im Zustand der Zentriertheit funktionieren auch Instinkt und Intuition: Sie warnen uns, wenn nötig. Wie durch ein Wunder verlaufen schädliche Kontakte dann von selbst im Sand, oder jemand anderer übernimmt ein bestimmtes Projekt, das wir mit gemischten Gefühlen verfolgt haben. Vieles, das wir als Enttäuschung erleben, stellt sich im Nachhinein als Glück heraus. Diese Erlebnisse helfen Ihnen letztlich, Ihre Zeit und Energie für die «guten» Projekte aufzusparen. Genießen Sie es: Sie müssen nicht bei «jedem» Fest, jeder Veranstaltung, jedem Meeting oder jedem Projekt dabei sein.

2. Alles ist gut – sogar das Negative

Haben Sie diese Erfahrung auch schon gemacht? Immer, wenn etwas besonders Schlimmes geschieht, kommt innerhalb von 24 Stunden auch eine positive Nachricht daher. Es scheint, als möchte das Universum auf seine Weise für Ausgleich sorgen.

Ich denke, die schlimmen Dinge sind da, damit wir etwas daraus lernen. Wenn man das Leben so sieht, fällt es leichter, positiv zu denken. Dann hat alles einen Sinn. Würde jeden Tag die Sonne scheinen, wir würden sie nicht genießen. Wir brauchen die Regentage, um uns bewusst zu machen: Wie schön wird es sein, wenn draußen wieder alles funkelt und strahlt.

Würde immer alles laufen wie geplant – wir würden nie etwas anderes probieren. Alle Probleme und negativen Erlebnisse sind auch Weckrufe, um uns aufmerksam zu machen: Da draußen ist eine ganze Welt, die entdeckt werden will!

Fragen Sie sich bei der nächsten kleinen Unpässlichkeit: «Was will mir dieses Problem sagen?» (Seite 35). Durch die Business-Energy-Brille betrachtet, sind alle Probleme Ausdruck von gestautem Energiefluss. Überlegen Sie daher: Wo können Sie Ihre Energie aktiv wieder ins Fließen bringen? Kämpfen Sie nicht gegen ein Problem an, indem Sie sich ärgern – damit machen Sie die Sache nur schlimmer. Betrachten Sie das Problem lieber als Chance, um etwas Neues zu wagen. Sie werden überrascht sein, wie schnell die Dinge in Bewegung kommen!

3. Worauf freuen Sie sich heute?

Unser Heute ist entscheidend – nicht das Morgen. Bei allen großen Zielen dürfen wir nie vergessen: Der wichtigste Zeitpunkt ist das Jetzt. Beachten wir das nicht, laufen wir ständig einem Traum hinterher. Wir erreichen das eine Ziel, genießen es aber nicht – weil wir bereits hektisch zum nächsten unterwegs sind.

Haben Sie heute schon gelacht? Haben Sie sich schon über etwas gefreut? Ohne Glückshormone ist das Leben öde und grau. Setzen Sie sich also nicht zu große Ziele auf einmal. Splitten Sie Ihre Projekte in überschaubare Tages-Etappen auf. Sie haben so täglich die Chance auf Erfolgserlebnisse. Das hebt nicht nur Ihre Stimmung, es stärkt auch Ihre Ausstrahlung. Ihre positive Energie tut auch den Menschen in Ihrem Umfeld gut. Solange Sie es nicht übertreiben, wird sich niemand über Ihre aufmunternden Worte, eine freundliche Geste oder einen kurzweiligen Plausch beschweren.

Erinnern Sie sich? Positive und charismatische Menschen ernten Sympathie und Wohlwollen – daran könnten Sie aktiv arbeiten!

Schauen Sie in Ihren Terminkalender: Wie viel Zeit haben Sie heute für sich reserviert? Wie viel für Ihre Familie, Ihre Freunde oder Hobbys? Schenken Sie sich täglich zumindest eine Stunde für sich. Ganz egal, wie Sie diese verbringen (es muss ja nicht unbedingt Fernsehen sein): Tun Sie etwas, was Ihnen richtig Freude macht und gut tut. Womit laden Sie Ihre Batterien am besten auf? Was haben Sie lange nicht mehr gemacht? Was vermissen Sie? Wen möchten Sie endlich wieder besuchen?

Diese Wünsche tragen Sie anschließend als Vormerkungen in Ihrem Terminkalender ein. So nageln Sie Ihre Vorhaben als wichtig fest. Ideal wäre täglich eine private Vormerkung. So können Sie sich jeden Tag auf etwas freuen! Falls Sie einmal etwas verschieben müssen, tragen Sie am besten gleich einen Ersatztermin ein.

Das Werte-Thema (Familie, Wohlstand, Lernen)

Zur Werte-Phase gehören die drei Lebensbereiche *Familie* (3), *Wohlstand* (4) und *Lernen* (8). Sie bilden das Fundament, auf dem wir unsere Zukunft aufbauen. Für nachhaltigen beruflichen Erfolg (keine Pyrrhussiege) brauchen wir ausgewogene und positive private Verhältnisse. Das steht im Sinne des Energiegleichgewichts.

Berufs- und Privatleben sind Ausdruck der «Werte», die wir im Lauf unseres Lebens irgendwann und irgendwo auflesen. Auch für die Werte-Achse gilt das Ziel einer guten Balance. Das Gleichgewicht zwischen den subtilen «inneren» Werten und den handfesten «äußeren» Erfahrungen macht unser Leben spannend und lebenswert.

Lebensbereich 3 – Familie: Krafttankstelle Elternhaus

Frau Kammerer, Problemzone 3, Herkunftsfamilie

«Alle Männer sind blöd.»

Frau Kammerer hatte eine schwierige Kindheit, ständig bekam sie den Streit ihrer Eltern mit – wenn der Vater nicht sowieso abwesend war, was durch seinen Beruf häufig geschah. Frau Kammerer schwor sich früh, selbst eine völlig andere Beziehung zu führen. Sie träumt von Kindern und einem tollen Partner – doch das will ihr, trotz guter Ansätze, nie auf Dauer gelingen. «Die Männer sind ja doch alle gleich», sagt sich Frau Kammerer.

4	9	2
3 Familie	5	7
8	1	6

Ein wichtiges Band verbindet uns mit unseren Eltern und unserer Herkunftsfamilie. Das gilt auch, wenn man diese nie kennen gelernt hat oder die Beziehung irgendwann unterbrochen wurde. Am besten ist es, Sie finden zu einem entspannten Verhältnis zu diesen wichtigen Bezugspersonen. Wie intensiv diese Beziehung ist, erkennen wir daran, dass wir in vielen Dingen unbewusst die Modelle aus unserem Elternhaus nachahmen.

Wir «suchen» entsprechend diesen Prägungen auch Partner, Job, Freunde oder Mitarbeiter aus. Die Erinnerung an die eigene Vergangenheit ist für viele Menschen leider belastend. Also verdrängen wir sie und versuchen, unsere seelischen Wunden durch Ersatzhandlungen auszugleichen: Zum Beispiel wird Status extrem wichtig, man muss besonders erfolgreich sein usw. Gelingt uns das? Nein. Eine Schieflage mit einer neuen Schieflage auszugleichen, kann auf Dauer nicht gut gehen. Wir sind eine Weile wunderbar beschäftigt und abgelenkt. Doch das Ganze kostet immer neue Kraft, die uns irgendwann abgeht. Wir blockieren uns selbst bei der endgültigen sauberen Aufarbeitung alter seelischer Wunden.

Erinnern Sie sich: Unser Körper speichert negative Erfahrungen als Informationen an bestimmten Meridianpunkten (Seite 18). Das kann auf Dauer ganz schön ermüden. Wie gut, dass in den letzten Jahren mehrere Methoden entwickelt wurden, mit denen wir uns rasch von überholten und belastenden Erfahrungen befreien können. Auf Seite 130 stelle ich Ihnen die aus meiner Sicht effizienteste dieser Methoden der energetischen Psychologie vor. Ich zeige Ihnen dort die wichtigsten Schritte, wie Sie die Technik am besten einsetzen.

Um ein Haus zu bauen, braucht es ein Fundament. Das Fundament unseres Lebens ist die Familie. Wir tragen nicht nur unsere genetischen Prägungen in uns, sondern auch alle anderen Eindrücke unserer Sozialisation: Dazu gehören Erziehung, Schule, die Einflüsse wichtiger Bezugspersonen und Freundschaften. Aber Achtung: Entschuldigen Sie mit alldem nicht Ihre gegenwärtigen Schwächen oder Probleme. Schließlich ist die Herkunftsfamilie nur unsere Ausgangsposition, auf der wir unser «Lebenshaus» aufbauen. Für vieles ist es nie zu spät. Auch als Erwachsene können wir Unglaubliches bewegen und überwinden.

Wer Großes bewältigen möchte, darf sich mit vorgegebenen Dingen nicht einfach abfinden. Führen Sie Veränderungen aktiv herbei! Wichtig ist dabei: Schütteln Sie Ihren Groll über Versäumnisse oder Fehler Ihrer Eltern oder anderer Familienmitglieder ab – und auch alles andere Belastende aus der Vergangenheit. Diese negativen Emotionen rauben besonders viel Energie und können Ihr Leben regelrecht vergiften. Dadurch schaden wir uns nur selbst – also weg damit!

Die beste «Therapie» ist, zu verzeihen und zu vergessen. Verbitterung macht längst Geschehenes weder ungeschehen, noch hilft sie Ihnen im Alltag weiter. Im Gegenteil: All Ihr Tun wird von dieser alten Geschichte überlagert. Sie funkt ständig in Ihr Leben wie ein «Störsender». Machen Sie lieber reinen Tisch! Und dann Schwamm drüber. Egal wie es weitergeht – es muss ein Morgen geben.

Und noch etwas: Wir vergessen vor lauter Selbstmitleid leicht die vielen hilfreichen, positiven und schönen Erlebnisse. Bauen wir uns doch öfter mit diesen guten Erinnerungen auf! Das stimmt uns positiver.

Wir erkennen so unsere Familie als DIE Kraft-Quelle: Ohne sie wären wir gar nicht hier. Ohne sie hätten wir viel Wichtiges für unser Leben nicht mitbekommen.

Möbeln Sie nun Ihre Familien-Energie mit folgenden Maßnahmen auf:

1. Fast alles ist Gerümpel – weg damit!

Unerledigte Dinge zwischen Menschen belasten die Harmonie – genauso verhält es sich mit überflüssig gewordenen, alten, materiellen Gegenständen. Wussten Sie, dass der Keller das Unterbewusste symbolisiert und der Dachboden unsere «verdrängten Altlasten»? Nichts ist zufällig: weder das Chaos im Abstellraum, im Schrank noch das in der Mailbox Ihres Computers.

Raffen Sie sich zu einer herzhaften Entrümpelungsaktion auf, Sie werden bemerken, wie sich parallel dazu im Leben einiges «bereinigt».

Entrümpeln befreit! Sie erinnern sich bestimmt noch, wie sich das beim letzten erfolgreichen Aufräumen angefühlt hat: Endlich haben Sie sich von altem Plunder getrennt. Das klärt nicht nur die Stimmung im Raum, sondern auch die der beteiligten Menschen. Wir können so unsere Gedanken reinigen und neu ordnen. Seit Feng Shui in aller Munde ist, sorgen immer mehr Menschen zuerst für Ordnung in ihrem Umfeld, bevor sie sich auf schwierige oder sensible Auseinandersetzungen einlassen. Auch Projekte gehen wir so mit mehr Klarheit und Fokus an. Zugegeben – eine etwas ungewöhnliche, aber sehr wirksame Management-Methode!

2. Schaffen Sie Ordnung

Gehen Sie nach dem Entrümpeln den nächsten Schritt: Schaffen Sie Ordnung. Ihre Unordnung weist Sie auf Ihre belastende Vergangenheit hin. Belassen Sie das Chaos, zementieren Sie so die Vergangenheit ein. Sie wird sich bremsend auf Ihr weiteres Leben auswirken. Mit «Ordnen» meine ich zweierlei:

- Strukturieren Sie Ihre physische Umgebung, Ihre Arbeits- und Wohnräume. Räumen Sie auch Schränke, Laden, Regale, Abstellbereiche und Nebenräume auf. Machen Sie weiter mit «Nebensächlichem» wie Auto, Zeitplaner, E-Mail-Nachrichten und -Kontakten, Internet-Favoriten-Ordner, Handtasche, Aktentasche, Koffer, Brieftasche, offene Rechnungen oder die vernachlässigte Buchhaltung: Alles sollte seine vernünftige Ordnung haben – ohne dass es dabei steril oder pedantisch zugeht!

- Klären Sie anstehende Dinge zwischen Ihnen und anderen Menschen in Ihrem Umfeld. Alles «Offene» schafft neue Unklarheiten. Überwinden Sie sich: Machen Sie einen aktiven Schritt auf jene Menschen zu, mit denen zum Beispiel Versprechen noch nicht eingelöst sind. Klären Sie Streit, ungerechtfertigte Vorwürfe oder anderes, das Ihre Beziehung zueinander belastet. Auch wenn Sie den Betreffenden danach nie mehr sehen: Sie werden sich befreit fühlen, den eigenen Standpunkt dargelegt oder Verpflichtungen eingelöst zu haben.

Manchmal werden Sie ein emotionales Problem unmöglich mit dem oder der Betreffenden persönlich klären können (oder wollen). In diesem Fall hilft folgender Schritt zum gewünschten Seelenfrieden: Schreiben Sie der Person einen Brief, den Sie nie abschicken.

Auch wenn Sie nicht für möglich halten, dass so etwas hilft – probieren Sie es aus. Packen Sie in Ihren Brief alles, was Sie schon immer sagen wollten. Vergessen Sie nichts, auch nicht, was er oder sie Ihnen irgendwann angetan hat und Sie heute noch belastet. Schreiben Sie am besten von Hand (nicht am Computer). So sind Sie unmittelbarer mit dem Prozess verbunden. Schreiben Sie so lange, bis Sie das Gefühl haben: «Ich habe alles Wichtige gesagt.»

Übergeben Sie den Brief anschließend feierlich den Elementen: dem Meer, einem Fluss oder dem Feuer, je nachdem, was für Sie möglich ist. Stellen Sie sich dabei bildlich vor: Das Problem entfernt sich endgültig oder löst sich in Rauch auf. Belohnen Sie sich danach mit etwas Schönem. Und dann verschwenden Sie keine weitere Energie mehr auf dieses Thema. Aus und vorbei.

3. Lernen Sie, Nein zu sagen

Dieses Thema kennen viele aus ihrer Familie: Meist können die Mütter am schlechtesten Nein sagen. «Das kann man nicht machen, ich darf niemand enttäuschen.» Unausgesprochen schwingt bei solchen «Mutter Theresas» ein bisschen Opferhaltung mit. Motto: «Ich bin für alle da (wenn auch nicht immer freiwillig), dafür erwarte ich Dankbarkeit und Liebe.»

Das ist eine gefährliche, weil unterschwellige Manipulation! Wenn Sie mitspielen, machen Sie sich abhängig. Menschen versuchen aus den unterschiedlichsten Beweggründen, andere zu manipulieren, manchmal sogar bewusst. Dennoch: Manipulation beruht auf einer Unwahrheit – und die ist schlecht für alle Beteiligten. Solche Familienmitglieder, Freunde, Vorgesetzte oder Mitarbeiter sind Energieräuber.

Entweder wehren Sie sich oder Sie steigen nicht darauf ein, wenn jemand Sie das nächste Mal mit subtilem Druck zu etwas überreden will, das Sie nicht möchten. Sind Sie in Versuchung, Ja zu sagen, obwohl Sie Nein meinen? Entscheiden Sie nach Ihrem eigenen Empfinden – ganz gleich, was man von Ihnen erwartet. Sagen Sie Nein, wenn etwas für Sie nicht passt. Sie können ja kurz erklären, warum. Aber: Bleiben Sie selbstbewusst und entschuldigen Sie sich nicht. Das wäre ein Zeichen für Ihr schlechtes Gewissen. Wenn Sie sich hingegen aus Überzeugung für ein Ja entscheiden, wird das jeder spüren. Ehrliche Antworten sind für alle Beteiligten besser.

Lebensbereich 4 – Wohlstand: Genießen Sie die Fülle

Herr Köcher, Problemzone 4, Wohlstand
«Alle haben es leichter als ich.»

Herr Köcher hat es nicht leicht gehabt in seinem Leben. Er hat sich mit eigener Kraft aus einfachen Verhältnissen hochgearbeitet. Dabei hat er gelernt: Nichts im Leben bekommt man geschenkt. Herr Köcher nimmt am besten alles selbst in die Hand. Er fährt immer nur kurz in den Urlaub – aus Angst, sein Unternehmen würde ohne ihn sofort stillstehen. Er lebt zurückgezogen und eher spartanisch. Herr Köcher ist selten ausgelassen und fröhlich. Manchmal fällt ihm aber auf: «Kinder, wie schnell die Zeit vergeht!» Und ein wenig neidisch sieht er dann auf die anderen: «Die anderen haben es leichter als ich, die können sich etwas Schönes gönnen ...»

4 Wohlstand	9	2
3	5	7
8	1	6

Das Leben ist reich an Geschenken – wenn wir die Dinge im rechten Licht betrachten. Nur wenige Menschen haben diese Gabe, in allem etwas Wertvolles zu erkennen. Die meisten hetzen gestresst durch das Leben. Zwischen einem Termin und dem nächsten bleibt keine Zeit zum Nach-Denken. Viele Menschen glauben, bei allen Moden und Trends dabei zu sein, ist Pflicht. Sie verlieren sich dabei leicht selbst aus den Augen.

Das wirklich Wichtige ist nicht durch Geld und Besitz aufzuwiegen. Doch was ist wichtig? Diese Frage können Sie nur für sich selbst beantworten. Bestimmt möchten Sie nicht irgendwann auf Ihr Leben zurückblicken und feststellen: «Ich habe vor lauter Arbeit viel zu wenig Zeit mit meiner Familie verbracht.» Oder: «Über der dauernden Hektik habe ich vergessen, zu leben und das Schöne zu genießen.»

Energy-Tipps für Ihren Lebensbereich 4

Zum Aktivieren der Wohlstands-Energie eignen sich die nachfolgenden Maßnahmen ganz hervorragend:

1. Finanzen

Viele Menschen führen Geldmangel als Entschuldigung dafür an, warum sie vieles nicht tun. Doch diese Ausrede gilt oft nicht. Es gäbe sehr wohl eine Menge Möglichkeiten. Es bräuchte halt manchmal ein bisschen Fantasie, Mut oder Initiativkraft.

Zugegeben: Viel Geld zu haben macht nicht unbedingt glücklich; zu wenig aber auch nicht. Die Kunst ist es, sich vom Geld nicht abhängig zu machen. Egal, ob Sie viel oder wenig haben: Lassen Sie nicht zu, dass das Geld Sie «hat».

Es stimmt schon: Wir alle brauchen Geld. Wer genügend «extra» hat, tut sich bei vielem leichter. Aber: Wer Geld hat, ist deswegen nicht intelligenter oder talentierter als andere.

Geld ist ein Ausdruck von Energie. Es spiegelt unser Fülle- oder Armutsbewusstsein. Beschäftigen Sie sich einmal mit folgenden Themen: Wie denken Sie über Geld? Was haben Ihnen Ihre Eltern und Verwandten über Geld erzählt? Was bedeutet finanzieller Erfolg für Sie?

Haben Sie es schon so betrachtet? Schulden rauben Energie! Sie kosten nicht nur Zeit und Energie, die wir für die Tilgung der Zinsen aufbringen müssen. Vielmehr verlieren wir auf subtile Weise Lebensenergie, weil wir uns mit Schulden von der Bank abhängig gemacht haben. Sie hängen energetisch am Tropf eines sehr mächtigen Energieräubers. Geld zu verleihen macht die Bank stark, nicht den Kreditkunden. Geld auszuborgen führt in die Schwäche. Sie können dieses unausgewogene Verhältnis nur einigermaßen unbeschadet überstehen, wenn die Höhe des Kredits in einem vernünftigen Verhältnis zu Ihrem Einkommen und Vermögen steht.

Testen Sie in der Praxis: Führen Sie mit einem Freund den Muskeltest durch, während Sie an Ihre Kredite denken. Fragen Sie sich:

Wenn ein finanziell unabhängiges Leben für hundert Prozent Lebensenergie steht – bei wie viel Prozent Lebensenergie liegen Sie mit Ihren Krediten? Sie werden wahrscheinlich, wie die meisten Menschen, ein Ergebnis deutlich unter 100 Prozent haben.

Daher gilt: Sind Sie verschuldet, gehen Sie lieber keine weiteren Belastungen ein. Versuchen Sie, umgehend so viele Schulden wie möglich vom Hals zu bekommen. Der wichtigste Schritt: Verringern Sie Ihre Gesamtausgaben. Wenn Sie vorher nicht über Ihre Verhältnisse gelebt haben, sollte nun mehr übrig bleiben. Damit können Sie Schulden abbauen – oder zumindest eine Reserve schaffen.

2. Tun Sie die Dinge – jetzt!

Eine sinnvolle Zeitmanagement-Regel besagt, dass man Dinge, die man in fünf Minuten erledigen kann, am besten gleich tut. Das stimmt. Was erledigt ist, muss man nicht nochmals zur Hand nehmen – aus den Augen, aus dem Sinn.

Bringen Sie so viel wie möglich zu einem Abschluss. Nichts ist störender, als einen Berg halb erledigter Projekte vor sich her zu schieben. Den arbeiten wir meist ohnehin im letzten Moment ab. Das kostet täglich aufs Neue Energie: Sie fühlen sich schon erschöpft, wenn Sie die Unterlagen nur sehen oder an all die Arbeit denken. Noch schlimmer: Wenn Sie Ausreden erfinden müssen, warum Sie noch nicht fertig sind. Gönnen Sie sich täglich einen positiven Tagesabschluss:

1) arbeiten Sie als Letztes noch etwas ab und

2) räumen Sie Ihren Tisch auf, bevor Sie weggehen.

Sie verlassen dann das Büro mit dem befriedigten Gefühl: «Ja, heute war ein erfolgreicher Tag.» Sie nehmen mehr Energie mit nach Hause, weil Ihr letzter Blick nicht auf Durcheinander und Stapel unerledigter Dinge fällt.

3. Stehen Sie zu dem, was Sie wirklich möchten

Jeder ist seines Glückes Schmied – wahrscheinlich kennen Sie dieses Sprichwort. Wir sind für unser Glück selbst verantwortlich! So einzigartig und verschieden, wie wir Menschen sind, so sind auch unsere Bedürfnisse. Was für den einen gut und richtig ist, findet ein anderer total verkehrt. Ohne uns mit einem Menschen intensiv auseinander zu setzen, können wir bestenfalls ahnen, was er braucht, was ihm gefällt, gut tut oder Freude macht.

Das gilt auch umgekehrt: Niemand kann wissen, was ich gerne hätte oder mich gerade beschäftigt. Dennoch sagen wir anderen Menschen selten deutlich, was wir brauchen und von ihnen erwarten. Dabei würden wir uns viel Frust ersparen. Doch nein: Wir gehen davon aus, der andere kann Gedanken lesen und soll wissen, was ich will.

Unsere Bedürfnisse bleiben so unbefriedigt. Um dem Frust zu entfliehen, lassen wir uns lieber durch Gesellschaft oder Medien ablenken. Zeit und Geld spielen plötzlich keine Rolle: Wir hängen in Lokalen herum, im Kino, lassen uns mit Action, Mode, Shopping, Sport, Fernsehen, Essen oder Alkohol «zumüllen». Hinter all diesen Handlungen verbergen sich letztlich einige wenige Urbedürfnisse: Wir möchten wahrgenommen werden, dazugehören, unsere Lust befriedigen oder Neues kennen lernen. Doch dieser Umstand ist uns selten bewusst.

Wenn Sie sich das nächste Mal vom Verhalten eines anderen enttäuscht fühlen, überprüfen Sie: Welcher Täuschung haben Sie sich selbst im Vorfeld hingegeben? Wir machen gern andere dafür verantwortlich, unsere Bedürfnisse zu befriedigen – und sind enttäuscht, wenn das nicht klappt.

Meist verbergen sich «Basics» des menschlichen Daseins hinter unserem beleidigten oder enttäuschten Verhalten: unsere Sehnsucht nach Anerkennung, Aufmerksamkeit, Geborgenheit oder Nähe, die nicht erfüllt wurde.

Wenn Sie zum Beispiel mehr Feedback von Ihrem Vorgesetzten

wünschen, dann sagen Sie ihm oder ihr das offen. Sie werden überrascht sein, wie viel Verständnis und Offenheit Sie erfahren werden. Fast jeder ist froh, zu wissen, was den anderen bewegt. Lassen Sie sich aber nicht beirren, falls mal jemand uneinsichtig reagiert – er oder sie disqualifiziert sich ohnehin gerade selbst.

Noch ein Tipp: Verlassen Sie sich nicht darauf, dass eine einzige Person alle Ihre unterschiedlichen Bedürfnisse erfüllt. Kein Partner, Familienmitglied, Kollege oder Freund kann oder will immer, überall und ausschließlich zur Verfügung stehen. Finden Sie also mehrere «Andockstellen» für Ihre benötigte Dosis Anerkennung, Geborgenheit und andere Bedürfnisse. Zu Ihrem Netzwerk können Freunde ebenso gehören wie Vereine, Hobby-Gruppen, Freiwilligenarbeit, Gärtnern, Musizieren, Reisen und vieles mehr.

Lebensbereich 8 – Lernen: Mehr als Wissen

Herr Holzer, Problemzone 8, Lernen
«Zu neuen Ufern!»
Herr Holzer geht seit seiner Jugend gern mit Freunden auf Partys und in Lokale. Knapp nach seinem dreißigsten Geburtstag taucht plötzlich seine vergessen geglaubte Sehnsucht wieder auf. Er bucht eine Kulturreise in den Jemen. Er lernt interessante Menschen und neue Lebensweisen kennen. Herr Holzer erkennt, wie viel er noch lernen und kennen lernen will.

4	9	2
3	5	7
8 Lernen	1	6

Die Masse der Menschen lebt in den Tag hinein, ohne viel nachzudenken. Das genügt den meisten. Nur wenige nehmen sich Zeit, um regelmäßig über Geschehenes nachzudenken – oder ihre Zukunft zu skizzieren und vorzubereiten.

Dabei könnten wir zu neuen und wichtigen Erkenntnissen gelangen, wenn wir uns Zeit für ein paar Fragen nehmen. Immer, wenn sich etwas Wichtiges verändert, sollten wir uns Übersicht verschaffen. Das gilt insbesondere nach problematischen Erlebnissen.

Die folgenden Fragestellungen sind ein guter Einstieg. Ergänzen Sie die Liste nach Ihrem persönlichen Bedarf.

- Was ist geschehen (Fakten)?
- Gibt es mögliche versteckte Zusammenhänge?
- Gibt es schlüssige Erklärungen für das Geschehen?
- Warum geschieht das mir?
- Warum ausgerechnet jetzt?
- Was könnte ich daraus lernen?
- Was sollte ich tun?
- Was werde ich tun?

Drei Energy-Tipps für Ihre Wissenszone

Wie Sie aus einzelnen Erfahrungen eine kraftvolle Ressource für Ihr ganzes Leben machen – das erfahren Sie im Abschnitt «Lernen». Hier sind meine drei Tipps zum Thema:

1. Still sein

Reden Sie gern ständig? Dann dürfen Sie sich nicht wundern, wenn Sie vieles nicht mitbekommen. Wie sollte es anders sein? «Reden ist Silber, Schweigen ist Gold», hat man früher den jungen Leuten eingetrichtert. Heute? Hauptsache, es ist was los... und schon «überhören» wir vieles.

Intensives Mitteilungsbedürfnis hält uns nicht nur von einem befriedigenden und tiefgehenden Austausch mit anderen Menschen ab. Es wirkt sich auch auf uns selbst aus. Kaum sind wir allein, führen wir Selbstgespräche. Dabei ist es egal, ob man Sie hören kann oder Sie nur in Gedanken mit sich reden.

Meist erzählen wir uns in diesen Monologen alles Mögliche, um uns vor uns selbst zu rechtfertigen. Das kann unsere Entwicklung ganz schön bremsen. Warum? Unsere Gedanken und Selbstgespräche laufen meist im Kreis. Sie folgen altbekannten, sich wiederholenden Bahnen. In diesem tranceähnlichen Zustand sind wir zusätzlich auch noch besonders offen für äußere Reize. Wir nehmen alles, was sich so ergibt, unreflektiert in uns auf. Dass da viel Müll dabei ist, liegt auf der Hand. Da wir uns mit diesem Ballast aber beschäftigen, verschaffen wir ihm Raum und geben ihm Energie, ganz so, als wäre er wichtig. Diese unkritische Zeitverschwendung geht zu Lasten einer ehrlichen und tiefgehenden Reflexion und Selbstkritik. An Stelle von Kreativität, Lebensplanung und anderen sinnvollen Tätigkeiten übernehmen zufällig aufgeschnappte Allerweltsinformationen das Kommando.

Sich Zeit zu nehmen, um still zu sein und einfach nachzudenken, steht heutzutage fast im Ruch der Zeitverschwendung. Nichts zu tun gilt als antiquiert. Falls man wirklich Zeit allein mit sich selbst verbringen soll (oder muss), flüchten wir zum Fernseher, dem Handy oder anderen virtuellen Freunden wie iPods und Co. Wo kämen wir denn hin, wenn wir wach und neugierig die Natur oder unsere Umgebung auf uns wirken lassen?

Vereinbaren Sie ein tägliches Meeting allein mit sich selbst. Sie müssen nichts Besonderes tun. Seien Sie nur 30 Minuten still (vielleicht jene 30 Minuten, die Sie den Zeiträubern entrissen haben, Seite 86). Nehmen Sie sich Zeit zum Träumen, zum Nachdenken oder um Pläne zu schmieden. Nachdenken verstehe ich so: Nehmen Sie sich ein bestimmtes Ereignis, ein Gefühl, eine Beobachtung, einen Wunsch, eine Angst oder ein beliebiges anderes Thema zum Inhalt. Setzen Sie sich intensiv mit dessen verschiedenen Aspekten auseinander. Sobald Sie entdecken, dass Sie abschweifen, schubsen Sie sich sanft, aber bestimmt zum Thema zurück.

Am besten halten Sie Ihr Meeting mit sich selbst an einem «guten» Ort ab (mehr dazu auf Seite 178). Ein idealer Platz ist im Freien (von Gartenarbeiten bis zum Radfahren und Spazierengehen ist alles möglich). Oder richten Sie sich einen netten Rückzugsplatz irgendwo in Ihren Räumen ein. Und falls Sie Ihre Auszeit nur am stillen Örtchen ungestört verwirklichen können – tun Sie es.

2. Investieren Sie – in sich selbst

Sie sind Ihre eigene wichtigste Bezugsperson – das brauche ich Ihnen nicht mehr zu sagen. Aber: Was tun Sie wirklich für sich? Was investieren Sie in Ihre «Vorzugsaktie Ich»? Wie halten Sie das «Produkt» frisch, attraktiv, vital, trainiert, wach, gesund, lernfähig, informiert – und glücklich und ausgeglichen?

Wer nicht einrosten will, muss viel tun – mit zunehmendem Alter noch mehr. Entscheidend ist die ausgewogene Mischung. Gute Gewohnheiten sind hilfreich, weil wir sie nicht extra einplanen müssen. Wer etwa Meditation oder Gymnastik ins morgendliche Aufstehritual packt, hat eine Menge erledigt, bevor der Tag losgeht.

Alles andere sollte Ihnen zumindest einen Eintrag in Ihren Terminkalender wert sein. Am besten eignen sich Wochen- und Monatsübersichten. Mit ihnen behalten Sie leicht den Überblick über Ihre wichtigen Einzelziele. Reservieren Sie Extrazeit für Seminare, Trainings oder individuelle Coachings. Es muss ja nicht gleich ein Privatlehrer sein. Manchmal erreichen Sie auch mit einem Volkshochschulkurs Ihr Ziel.

Fast jeder hat Angstthemen, vor denen wir uns gern drücken. Gerade hier könnten wir die meisten Energien freisetzen. Wenn wir es schaffen, ein solches Thema zu knacken, werden wir mit Extra-Lebensenergie für die Mühen belohnt. Dadurch kommen oft überraschend scheinbar nicht damit zusammenhängende Dinge in Bewegung.

Themen, die für Sie nebensächlich sind, können für Ihre Partnerin oder Ihren Partner eine große Sache sein. Sie sehen es zum Beispiel als persönliche Herausforderung, tanzen oder singen zu lernen. Jemand anderer möchte vor einer Gruppe angstfrei vorzutragen lernen. Schreiben Sie alles auf Ihre To-Do-Liste. Teilen Sie Ihre Anliegen in kleine Teilschritte, die Sie leichter bewältigen können. Das können einfache Dinge sein, wie eine Internetrecherche oder der Anruf bei Freunden, um sich einen Coach oder Trainer empfehlen zu lassen. Hinterlegen Sie die Teilschritte mit Zeitvorgaben und übertragen Sie alles in den Terminkalender.

Und los geht's. Streichen Sie jeden Punkt, und sei er noch so klein, genussvoll durch, sobald Sie ihn erledigt haben. Tut das nicht gut? Sehen Sie.

3. Lebensplanung «light»

Die meisten Menschen suchen erst nach Visionen, wenn sie in größere Umbrüche und Krisen geraten. Wer sich zu einer solchen Nachdenk-Pause aufrafft, nimmt sich dann gern ein paar Tage Zeit. Fern von zu Hause, etwa in einem Kloster oder bei einer Wanderung, wollen wir zu uns selbst finden und unsere große Lebenslinie überprüfen.

Meistens hinterfragen wir spätestens ab der «Midlife-Crisis» (mit ca. 39 bis 45 Jahren) alles so richtig. Viele Menschen erkennen dann, dass sie mit ihrer Entwicklung in manchen Bereichen nicht zufrieden sind. Sie fragen sich: Was möchte ich anders haben? Daraus entstehen oft große Veränderungspläne.

Viele dieser Vorhaben scheitern jedoch, weil wir sie im Tagesgeschäft nicht richtig unterbringen. Deshalb gilt: Planen Sie wichtige Anliegen und Bedürfnisse vernünftig und behalten Sie alles gut im Blick. So können Sie gegensteuern, sobald Sie sich «verrennen».

Zu neuen Inspirationen gelangen wir recht leicht, wenn wir uns mit neuen und interessanten Inhalten beschäftigen. Das Internet bietet dazu ungeahnte Möglichkeiten. Vergeuden Sie aber Ihre wertvolle Zeit nicht auf News- oder Sport-Seiten! Starten Sie Ihre Surf-Reisen lieber von Themen aus, die Sie gerade beschäftigen.

Wer regelmäßig das Internet als Recherche-Quelle nutzt, weiß: Durch die vernetzte Struktur des WWW tauchen wir leicht und rasch in größere, übergeordnete Zusammenhänge ein. Die Verflechtungen des Internets verhalten sich ähnlich wie unsere «neuronalen Netze» im Gehirn. Beim «Surfen» docken wir intuitiv an unterschiedliche

«Schwingungs-Informationen» an. Sie erinnern sich: Alles ist Energie. Auch alle Webseiten senden Ihre feinstofflichen «Informationen» ins Netz. Warum sollte das Resonanzgesetz (Seite 23) nicht auch im Internet gültig sein? Surfen im entspannten Zustand ist mehr als logische Recherche, bei der wir bloß unsere linke Gehirnhälfte (Seite 150) nutzen. Wenn wir loslassen und uns führen lassen, verbinden wir uns mit den Energien bestimmter Webseiten – lange bevor wir sie ansteuern. Günstig dabei ist ein ausgeglichenes Zusammenspiel der Gehirn-Hemisphären (mehr zum Gehirnausgleich ab Seite 151 und 165)

Auch im Netz ist man also nur einen Klick von «der eigenen Wahrheit entfernt». Alles, was wir hier entdecken, spiegelt unsere Persönlichkeit. Quantenphysikalisch betrachtet, erhaschen wir so den einen oder anderen Blick in eine alternative Parallel-Realität. Sobald es uns zu viel wird, klicken wir weg – schon sind wir wieder da, wo wir uns heimisch fühlen. Auch im wirklichen Leben entscheiden wir uns ja fast immer für die bekannten Dinge, die nicht zu viel Mut und Offenheit erfordern.

So wird «Intelligenz» auf unmittelbare Weise sichtbar. Was wir gemeinhin als Intuition, Bauchhirn oder «Flow» bezeichnen, zeigt sich beim Surfen in konkreten Ergebnissen. Manchmal passen die gefundenen Informationen genau – ein anderes Mal (etwa wenn man gestresst ist) sind sie bestenfalls mittelmäßig. Beobachten Sie es selbst: Je mehr Sie Ihrem inneren Gespür gefolgt sind, desto eher finden Sie «das Richtige». Hier sieht man, dass linkshemisphärisches Denken (und das unter Zeitdruck) nur «lineare» Ergebnisse liefert. Mit Neugier und Offenheit hingegen bekommen wir Zugang zu neuen und einzigartigen Ergebnissen. Surfen im entspannten Zustand schafft neue «Choice Points» (Seite 124). So vermengt sich Ihre intuitive Intelligenz mit der Intelligenz des Internets.

Ich bin überzeugt, dass viele meiner eigenen Inspirationen durch neuronale Verbindungen entstehen, die sich beim Surfen bilden. Ob ich durch mein Zutun diese Verbindungen selbst herstelle – oder ob ich in Resonanz zu den Informationen gegangen bin und diese «mich finden», ist nebensächlich.

Das Gestalter-Thema (Partner, Freunde, Projekte)

Zur Gestalter-Thematik gehören die Lebensbereiche *Partnerschaft* (2), *Freunde* (6) und *Projekte* (7). In dieser Lebensphase geht es darum, unser persönliches Umfeld und damit unsere Zukunft aktiv zu gestalten.

Zum einen betrifft das all jene Kontakte zu anderen Menschen, die uns ein erfolgreiches Handeln ermöglichen. Andererseits geht es um unsere Ideen, Projekte und Initiativen, mit denen jeder Mensch seinen individuellen Beitrag zum Gelingen des Lebens leistet.

Jeder Mensch möchte gern etwas schaffen, das die Welt beeinflusst, bereichert und in der Zukunft weiterlebt. Wer etwas Eigenständiges kreiert, fühlt sich besser. Es ist nicht überraschend, dass viele Menschen dann, wenn das erste Kind kommt, selbstständig werden und sich von den Eltern abnabeln.

Ähnlich verhält es sich mit unseren kreativen Ideen, sei es als Künstler, Unternehmer, Angestellter, Lehrer oder Ehepartner. Solange wir unsere Bedürfnisse ausreichend einbringen können, fühlen wir uns lebendig. Wenn aber der Ausdruck unserer selbst gehemmt wird, sinkt unsere Lebensenergie. Dieser Prozess findet häufig schleichend statt – man bemerkt die Stagnation erst nach Jahren. Die wenigsten schaffen es dann noch, sich allein wieder rauszustrampeln.

Damit der Strom der kreativen Energie in Fluss bleibt, brauchen wir ein lebendiges soziales Netzwerk. Damit können wir unsere Talente und Ideen einbringen. Freunde, Bekannte, Kollegen, Mitarbeiter, Vorgesetzte, Kunden, Nachbarn und der Partner oder die Partnerin sind unser Bezugsrahmen und geben unserem Leben Inhalt und Sinn. Diese Menschen sind für uns ein wichtiger Nährboden. Sie sorgen für Impulse und inspirieren uns. Wir erhalten von Menschen, die uns auf diese Weise nahe stehen, konstruktives und ehrliches Feedback. Sie spenden uns Applaus oder trösten, wenn wir Beistand brauchen.

Wir verbrauchen einen Großteil unserer Energie im Austausch mit anderen Menschen. Manche (hoffentlich viele) Kontakte tun uns gut, sie laden uns geradezu mit Energie auf. Andere (hoffentlich wenige) Begegnungen erschöpfen uns und rauben Energie. Besonders schlimm ist es, wenn Personen aus dem engsten Bekannten- und Familienkreis zu dieser Kategorie der Energieräuber zählen. Wie kann sich dies äußern? Solche Menschen schaffen es beispielsweise mit Leichtigkeit, alles zu zerreden und klein zu machen, was jemandem wichtig ist, was man tut und sagt.

Es fällt den meisten Menschen sehr schwer, sich in der Familie abzugrenzen. Wir können uns von Freunden oder einer Arbeitsstelle trennen – von der Familie nicht (zumindest nie ganz). Wie können Sie in einem solchen Fall trotzdem Ihre Energien bewahren? Überlegen Sie genau, was Sie wem erzählen – und was nicht. Behalten Sie sensible Themen für sich. Je weniger Menschen Negatives von außen dazumischen können, umso besser.

Diese Abgrenzungsstrategie sollte Ihnen leicht fallen. Es geht schließlich um Ihre Energie! Beobachten Sie sich einmal: Wie geht es Ihnen während des Gesprächs mit diesem oder jenem Menschen? Wie fühlen Sie sich danach? Fällen Sie eine bewusste Entscheidung. Lassen Sie nicht zu, dass Ihnen ein oberflächlicher Zeitgenosse, Dauernörgler, Angstmensch, Egoist, Lügner oder Neider die Stimmung verdirbt oder sonst Energie raubt.

Denken Sie immer daran: Sie brauchen für Ihr Lebensglück mehrheitlich positive und förderliche Menschen und Energien in Ihrem Umfeld. Das ist nicht immer möglich – treffen Sie daher zumindest dort, wo es vorhersehbar ist, Vorsorge. So werden Sie auch in allen anderen Lebensbereichen abgeklärter und ruhiger.

Aber Achtung: Betrachten Sie das Ganze mit Gelassenheit und einem Augenzwinkern. Dann vermuten Sie nicht hinter jeder Kleinigkeit oder einem Einzelereignis einen Energieräuber, vor dem Sie sich schützen müssen. Damit würden Sie sich selbst mehr schaden als nutzen.

Lebensbereich 2 – Partnerschaft: Stabile Beziehungen bauen

Frau Gerner, Problemzone 2, Beziehungen
«Schätzt mich eigentlich jemand so, wie ich bin?»
Für Frau Gerner zählen ihre eigenen Talente nicht besonders viel. Sie verachtet sich gar für manche ihrer Eigenschaften. Also hält sie mit alldem meist hinter dem Berg – auch ihrem Partner gegenüber, aus Angst, dass er sie sonst nicht mögen könnte. Sie leidet vor sich hin, wenn er sie dann wirklich herunter macht.

4	9	2 Partner
3	5	7
8	1	6

Partnerschaft ist für viele Menschen das wichtigste Thema. Schließlich plagen sich die meisten ein Leben lang damit, ihre Beziehung(en) stabil und positiv zu gestalten. Wir wissen, dass das nicht einfach ist. Die Gründe dafür sind uns jedoch nicht so leicht verständlich.

Es scheint offensichtlich: Die Menschen wechseln heute rascher und häufiger ihre Partner oder Partnerinnen. Die Notwendigkeit, zusammenzubleiben, ist heute nicht mehr so stark gegeben wie früher. Der Wille, sich um den anderen zu bemühen, wenn es nicht so gut läuft, ist weniger stark. Die ersten echten Schwierigkeiten genügen oft – schon hat man sich getrennt. Fast möchte man meinen, die Beziehungsfähigkeit vieler Menschen verkümmert. Für das Gelingen einer Beziehung ist es nötig, sich aktiv um den anderen zu bemühen. Wir Menschen sind zu verschieden, als dass nach der ersten Verliebtheit alles von selbst eitel Wonne bleibt.

Der Balance-Check kann uns zu mehr Klarheit verhelfen. Im Bild des Energieflusses (Abbildung auf Seite 44) sehen wir, warum Partnerschaft für uns so wichtig ist – und warum es hier so oft kracht. Der Lebensbereich «Partnerschaft» folgt direkt nach «Karriere/Lebensweg». Die Energie aus der vorherigen Zone wirkt in einen Lebensbereich ebenso hinein wie jene aus dem nachfolgenden Bereich.

Stellen wir uns also die Frage: Sind wir womöglich deshalb mit falschen Partnern zusammen, weil wir mit uns selbst nicht im Klaren sind? (Siehe Seite 76). Weil wir nicht wissen, wo wir im Leben hinwollen? Wir erleben in einer Partnerschaft genau jene Unklarheit, die wir selbst ausstrahlen.

Schauen Sie nun, welcher Lebensbereich im Balance-Check nach Partnerschaft folgt: die *Familie!* Das bedeutet: Solange wir uns nicht mit den Eltern und der Familie aussöhnen (Seite 95), wird uns alles Unerledigte in der eigenen Partnerschaft immer wieder begegnen. Das kann sich auf verschiedene Art manifestieren: Eltern oder Verwandte können in unsere Partnerbeziehung hineinagieren. Oder wir heiraten überhaupt das Mutter- oder Vater-Problem, indem wir einen Partner wählen, der diese Themen ebenfalls mitbringt. Der Partner oder die Partnerin ist also nicht das Problem. Er oder sie spiegelt lediglich Ihre eigenen unerledigten Aufgaben. Denken Sie an das Resonanzgesetz (Seite 23): Demzufolge ziehen wir an, was wir ausstrahlen. Wir strahlen unsere Schwächen aus – so wie beispielsweise ein Tier spürt, ob ein Mensch Angst vor ihm hat.

Beruf und Partnerschaft – eine interessante Verbindung

Wir glauben gern, dass wir unser Privatleben komplett von unserer Arbeit trennen können. Das ist ein weit verbreiteter Irrtum. Wer privat eine Beziehungs-Niete ist, tut sich mit großer Wahrscheinlichkeit auch bei beruflichen Kontakten schwer.

Umgekehrt gelingt Menschen mit ausgeglichener Partner-Beziehung viel eher ein harmonisches Verhältnis zu Kollegen, Kunden

oder Vorgesetzten. Eine glückliche Beziehung ist zwar kein Frei-
brief – doch sie bildet ein gutes Fundament. Wir erleben das
Thema «Beziehung» als harmonisch und strahlen das auch aus.
Dementsprechend entwickeln wir ein gutes Gespür für den entspannten zwischenmenschlichen Umgang. Kurz: Leben wir eine
ausgeglichene Partnerbeziehung, entwickeln sich die Dinge allgemein partnerschaftlicher. Das geht so weit, dass ein Personalchef
mit ausgeglichenem Privatleben tendenziell die besseren Kräfte ins
Team holt. Sie wissen: Alles ist Resonanz. Hat ein Vorgesetzter Probleme, zieht er auch eher welche an – und schon sind die (aus welchem Grund auch immer) problematischen Mitarbeiter angestellt.

Ihre Energy-Tipps für schwungvolle Partnerschaften
Mit den folgenden drei Tipps bringen Sie Ihre Partner-Energie in
Schwung.

1) Bestehende Beziehungen verbessern
Eine alte Management-Weisheit sagt: Bringen Sie zuerst Bestehen-
des in Ordnung, bevor Sie Neues beginnen. Auf Menschen bezogen
heißt das: Wenn Sie mehr außergewöhnliche Begegnungen haben
möchten, müssen Sie zuerst Ihre bestehenden Beziehungen klären.

Beginnen Sie mit der wichtigsten und intimsten Beziehung: der
zu Ihnen selbst. Welche Ihrer Charakterzüge finden Sie nicht so toll?
Sind Sie besonders kritisch? Verurteilen Sie andere schnell? Sind
Sie besonders streng zu sich selbst? Erwarten Sie auch von anderen extrem viel? Damit werden Sie wohl nicht viele Freunde haben.

Lernen Sie, Ihre Kritiksucht zu zähmen. Lassen Sie auch einmal
Milde walten. Drücken Sie ein Auge zu, wo Sie sonst lospoltern würden. Wofür lohnen sich all der Stress und Ärger, macht das die Sache besser? Wir behandeln häufig die uns wichtigsten Menschen am
strengsten.

Wer verzeihen und vergessen kann, hat mehr vom Leben. Das
Motto sollte lauten: Erledigen Sie Offenes rasch. Lösen Sie Verspre-

chen ein, klären Sie Konflikte. Für alles andere gilt: Schwamm drüber. Wenn Sie mit sich selbst weniger streng sind, werden Sie sich auch anderen gegenüber versöhnlicher und entspannter geben.

2) Behandeln Sie sich selbst so gut wie Ihren Partner/Ihre Partnerin
Eine aktuelle amerikanische Studie (Mike Leary, Wake Forest University, 2005) hat Folgendes ergeben: Menschen, die zu sich selbst so gut sind wie zu ihrem Partner oder ihrem besten Freund, haben es leichter im Leben. Wer in misslichen Lagen aufmerksam zu sich selbst ist, kann Rückschläge besser verarbeiten und sich rascher davon erholen.

Mitleid mit sich selbst zu haben, schadet also nicht. Wir verarbeiten Fehler, Ablehnung, Niederlagen oder andere negative Erlebnisse auf diese Weise einfach leichter. Das ist offenbar ein Energie-Phänomen. Wer Leid nicht verdrängt, sondern als solches annimmt und sich dafür mit etwas Positivem verwöhnt, gleicht die Niederlage – wenigstens teilweise – wieder aus. Unser Energiepegel steigt so höher, als wenn wir uns selbstbewusst und cool geben. Die Seele möchte unseren Schmerz kurz anerkannt wissen – dann kann die Heilung beginnen.

Überlegen Sie beim nächsten unangenehmen Ereignis: Was würden Sie Ihrem (oder Ihrer) Liebsten in einer ähnlichen Situation Gutes tun? Was wäre für Sie im Moment ähnlich schön? Gönnen Sie sich genau das! Verwöhnen Sie sich nach allen Regeln der Kunst. Jetzt ist der Zeitpunkt dafür.

Achtung: Schwindeln Sie nicht! Erfinden Sie keine Katastrophen bloß als Vorwand, um sich selbst verwöhnen zu dürfen.

Später, wenn alles überstanden ist, sollten Sie Ihrem Partner/ Ihrer Partnerin ebenfalls ein solches Verwöhnprogramm zukommen lassen. Er oder sie ist Ihnen ja gerade in Ihrem Tief beigestanden. Man muss nicht auf ein Problem warten, um jemanden verwöhnen zu dürfen.

3) Aktive Partner-Arbeit

Schauen Sie auf Ihre Liste der Energieräuber. Wie viele Partnerthemen finden sich darauf? Welche sind das? Ergänzen Sie Ihre Liste mit allen weiteren Einfällen. Unterteilen Sie die partnerbezogenen Punkte in «einfach lösbar» oder «nicht so einfach lösbar». Beginnen Sie mit den einfach lösbaren Themen – am besten sofort. So führen Sie der Partnerschaft gleich auf drei Ebenen Energie zu. Sie beschäftigen sich durch Ihre Überlegungen mit dem Thema, das aktiviert Gedanken-Energie. Wenn Sie die Maßnahmen dann umsetzen, sorgen Sie für Handlungsenergie. Als dritte Ebene kommt das Unbewusste hinzu. Das arbeitet für Sie beispielsweise im Traum – Sie energetisieren das Thema im Schlaf. Alles zusammen bringt frischen Wind in Ihr Partnerleben.

Achtung: Wenn Sie es ganz perfekt machen wollen, sollten Sie auch die Lebensbereiche 1 *(Karriere)* und 3 *(Familie)* mit bearbeiten. Lösen Sie so viel wie möglich. Den unlösbar erscheinenden Rest bearbeiten Sie mit der EFT-Methode (die Sie auf Seite 130 kennen lernen). Diese Technik hilft Ihnen, den emotionalen Stress rasch und effizient aus einem Problem zu entfernen. Erfahrungsgemäß kommen dann die meisten Dinge von selbst in Fluss.

Lebensbereich 6 – Freunde: Kontakte und Netzwerke

Andreas, Problemzone 6, Freundschaften
«Andere haben viel mehr Freunde als ich.»

Andreas ist das Gegenteil von Helmut, einem seiner wenigen Freunde: Jeder, der Helmut kennt, möchte sein Freund sein. Helmut ist immer gut aufgelegt und hat für jeden ein positives Wort. Er kennt viele Menschen und weiß immer, wen er fragen muss, wenn er etwas braucht. Niemand schlägt Helmut einen Wunsch aus – schließlich ist er auch immer für einen da. Andreas wird immer neidischer auf Helmut.

4	9	2
3	5	7
8	1	**6** Freunde

Ohne Freunde ist alles nichts. Hilfreiche Freunde zu haben, auf die wir uns verlassen können, ist für viele Menschen keine Selbstverständlichkeit. Wir müssen schon selbst etwas dafür tun. Gute Freunde unterstützen uns in guten und in schlechten Zeiten. Sie sind für uns da, wenn es uns einmal nicht so gut geht. Sie sind die private Krisen-Feuerwehr.

Manche Freunde tun aber auch nur nach außen hin freundlich – hinter unserem Rücken reden sie schlecht über uns. Sie suchen als Erste das Weite, sobald es einmal nicht läuft. Dennoch halte ich diese Sorte Menschen für genauso wichtig wie unsere engsten Verbündeten. Warum? Nahestehende Freunde verschönern die Wahrheit gern ein wenig und sind zu nachsichtig. Wir übersehen dadurch leicht unsere Schwächen. Jene Menschen, die den Finger auf die Wunde legen, finden wir zwar nicht angenehm – aber sie können uns aufwecken. Der Unterschied zwischen diesen «Freunden» und richtigen Gegenspielern oder Feinden ist gering: Alle halten uns einen – oft schmerzhaften – Spiegel vor. Nehmen Sie die Angriffe nicht persönlich. Egal, ob jemand Recht hat oder nicht – sobald Sie sich verletzen lassen, sind Sie schwach. Betrachten Sie die Sachlage besser neutral und ziehen Sie dann die entsprechenden Schlüsse. So können Sie aus einer Schwäche rasch eine Stärke machen. Seien Sie also gut zu Ihren Freunden und Feinden, gemäß dem Sprichwort «Liebe deine Feinde». Beide helfen Ihnen auf ihre Art.

Energy-Tipps für Lebensbereich 6

Mit den drei folgenden Tipps stärken Sie Ihre Freundschaftsenergie!

1) Stimmige Kontakte

Dass sich Netzwerke und gute persönliche Kontakte lohnen, hat sich herumgesprochen. Warum aber nutzen so viele Menschen ihre umfangreiche Adressdatenbank so schlecht?

Der springende Punkt ist Vertrauen. Selbst wenn jemand anderer mit seinem geschäftlichen Angebot billiger ist oder einen besseren Service bietet – wir geben unsere Aufträge am liebsten jenen Menschen, die wir mögen und denen wir vertrauen.

Wir arbeiten auch am liebsten mit erfolgreichen Leuten zusammen. Das sind jene Menschen, die uns eigentlich überhaupt nicht brauchen. Es scheint ein zutiefst menschlicher Instinkt zu sein. Wir möchten lieber auf der Seite der Gewinner stehen, also dort, wo die Erfolgsenergie zu Hause ist. Jede Form von Bedürftigkeit irritiert dagegen. Ganz nach dem Sprichwort: «Der Erfolg hat viele Eltern – den Misserfolg hat man ganz allein.» Vielleicht spüren wir unbewusst, dass uns eine Beziehung zu erfolglosen Menschen Energie kostet, anstatt uns aufzuladen. Auch wenn es nicht fair ist: Die Großen werden mächtiger, die Bedürftigen werden es immer schwer haben.

Der Schlüssel zum Erfolg ist daher, unsere eigenen Bedürfnisse gut zu kennen und dann darauf zu achten, dass sie erfüllt werden. Das erzeugt die Energie von Fülle, Gesundheit und Wohlergehen. Dies ist der erste Schritt zu einer Verbesserung der Lebenssituation.

Was für den finanziellen Erfolg gilt, stimmt auch, um neue Freunde zu gewinnen: Wer auf den Kontakt mit uns nicht angewiesen ist, zieht uns viel mehr an als Leute, denen man anmerkt, dass sie uns dringend kennen lernen müssen. Genau aus diesem Grund sind die meisten Netzwerkinitiativen oder Visitenkartenpartys der vergangenen Jahre so großartig gescheitert: Zu viele Bedürftige (mit meist niedrigem Energieniveau) blieben unter sich.

Nehmen Sie sich regelmäßig Zeit, um Ihre derzeit wichtigsten Bedürfnisse herauszufinden. Befriedigen Sie diese. Wenn Sie ständig auf Burn-out-Modus laufen, überfordert, genervt oder frustriert sind, geht Ihnen die anziehende Leichtigkeit verloren. Ohne Leichtigkeit oder positive Grundhaltung geht nichts. Das Universum braucht diese Startenergien, um Sie mit den passenden Erfolgsmenschen und Situationen zu vernetzen. Auf die eigenen Bedürfnisse und Energien zu achten ist daher keinesfalls ein egoistischer Akt. Sie setzen vielmehr die Energie-Gesetze intelligent um, denen wir ja alle unterliegen.

2. Geben Sie oft und reichlich

Für Freunde ist man immer da. Und das gerne. Freundschaft ist ein ständiges Wechselspiel von Geben und (An-)Nehmen. Das ist einfach nachvollziehbar, dennoch versteckt sich hier eine tiefgründige Botschaft: Nicht das Nehmen macht tiefgreifend glücklich, sondern das Geben. Sie wissen sicherlich, wie befriedigend es ist, mit Freude zu helfen, für jemand dazusein oder ihn mit einer netten Gabe zu überraschen.

Allerdings gehören auch hier zwei dazu, wie bei jedem Austausch von Energie. So wichtig erwartungsloses Geben ist, so wichtig ist auch die Bereitschaft, ein Geschenk anzunehmen. Menschen, die jede freundliche Geste mit einem bestimmten «Das wäre nicht nötig» oder «Das kann ich nicht annehmen» abblocken, stehen rasch ohne Freunde da. Wir verschließen uns mit einem solchen Nein-Sagen vor den positiven Energien des Geschenks, die gut gemeinte Energie versickert ungenutzt. Zurück bleiben zwei frustrierte Menschen. Lernen Sie, sich beschenken zu lassen! Zum glücklichen Leben gehört, Geschenke und positive Gesten mit Freude anzunehmen und sie mit gutem Gewissen zu genießen.

Wenn Sie also etwas sehen, das einem Freund Freude bereiten würde, nehmen Sie es mit und schenken Sie es ihm. Es muss gar nichts Ausgefallenes oder Teures sein. Auch ein interessanter Zeitungsartikel, ein Buchtipp (oder gleich das Buch) oder die Einladung zu einem gemeinsamen Spaziergang oder Konzertbesuch können überraschen und Freude bereiten.

Machen Sie es sich zur guten Gewohnheit, auf eine persönliche

Weise «Danke» zu sagen. Bedanken Sie sich bei Ihren Kunden, Mitarbeitern, Freunden genauso wie im Familienkreis. Besorgen Sie sich dafür schöne Motiv- oder Spruchkärtchen. Bedanken Sie sich, am besten in Handschrift, für alles Gute, das Sie von diesem Menschen erfahren durften. Führen Sie dazu eine Liste aller wichtigen Menschen, denen Sie verbunden sind – wofür auch immer. Gewöhnen Sie sich an, jeden Tag drei dieser Dankeschöns abzuschicken. Selbst wenn es keinen aktuellen Anlass gibt: Sagen Sie danke dafür, dass jemand Ihr Kunde ist. Oder lassen Sie jemanden wissen, wie sehr Sie ihn als Freund schätzen. Bestimmt entwickeln Sie rasch Ihre eigenen Ideen, was Sie dem anderen Nettes mitteilen können. Halten Sie Ihren Aufwand klein. Ein oder zwei persönliche Zeilen reichen vollends. So bereiten Sie nicht nur den anderen eine Riesenfreude. Sie vertiefen mit minimalem Aufwand (ein paar Minuten täglich) Ihre Freundschaft und den Kontakt zu wichtigen Menschen.

3. Gehen Sie niemals vom Negativen aus

Die meisten kennen das: Kaum läuft etwas nicht so, wie es soll, regen wir uns furchtbar auf. Wir sehen das Problem umgehend als persönlichen Angriff. Viele Menschen neigen unter Stress zur Überreaktion. Wir bewerten die Dinge im ersten Anflug negativer, als sie eigentlich sind. Auch geben wir immer gern anderen die Schuld: «Wie kann man so dumm sein» oder «Schon wieder dieser unfähige Elektriker». Was uns im ersten Aufwallen der Emotionen nicht in den Sinn kommt: die Sachlage ruhig zu klären und dann eine vernünftige Lösung zu suchen.

Diese «Haudrauf»-Haltung schadet ungemein. Unser inneres System nimmt solche Gefühle und Aufregungen nämlich für bare Münze. Es speichert sie als «wichtige» Informationen ab. Schon ist der arme Elektriker (auch wenn er unschuldig ist) als unfähig und nicht zuverlässig abgestempelt.

Solche Vorurteile sind gefährlich. Warum? Sie können sich schnell verselbstständigen. Es kommt dadurch erst recht zu neuen

Vorfällen mit dieser Person (oder der Abteilung, Firma, Familie etc.). Emotionale Verflechtungen ziehen das nächste Unheil regelrecht an. Ein einziger Vorfall kann dazu führen, dass wir einen Menschen nicht mehr ernst nehmen oder ihn unbewusst ablehnen. Das kann sogar eine Karriere bremsen, weil irgendwo in der Beziehungskette eine Person ein energetisches Problem mit sich herumträgt. Jede Überreaktion verbrennt auch eine Menge Energie – und erzeugt Stress. Sie brauchen nur an die Person oder den Vorfall zu denken – schon steigt der Blutdruck und sie reagieren genervt. Das belastet.

Und: Der andere hat vielleicht den Vorfall längst vergessen. Unabhängig davon, was Sie beim anderen anrichten – der eigene Energieverlust ist Ihnen sicher.

Atmen Sie beim nächsten solchen Fall dreimal tief durch. Schätzen Sie rasch die Relevanz des Vorfalls ab: Steht es dafür, dass ich mich aufrege? Oder wird sich die Welt trotzdem weiterdrehen?

Dieses Prinzip gilt übrigens auch bei Ehekrisen. Wenn wir ohnehin angespannt sind, wenn sich einer von beiden «klein» und schuldig fühlt, geht bestimmt noch etwas schief. Unsere Unsicherheit führt fast zwangsläufig zur nächsten Panne.

In einem solchen Fall hilft Abstand. Vereinbaren Sie eine Auszeit. Geben Sie sich Zeit und Raum dafür. Setzen Sie das Gespräch erst fort, wenn Sie sich ausreichend beruhigt und erholt haben.

Lebensbereich 7 – Projekte: Kreativität und Vermächtnis

Frau Klein, Problemzone 7, Kreativität
«Ich kann doch gar nicht malen!»
Frau Klein liebt es ordentlich und überschaubar, auch an Ihrem Arbeitsplatz. Als Kind fühlte sie sich am glücklichsten, wenn sie malen konnte, rund um sich ein Durcheinander an Farben und Bildern. Doch sie hörte immer wieder: «Du kannst ja gar nicht malen.» Obwohl sie einen Beruf hat, den sie grundsätzlich mag, hat sie das Gefühl: Ich

möchte noch etwas anderes machen! Seit längerem liebäugelt sie mit einem Malkurs in der Toskana. Als sie ihn endlich macht, bleibt die Zeit für sie stehen. Sie entdeckt eine kreative Ader in sich, die sie nicht für möglich gehalten hatte. Seit damals plant Frau Klein jede Woche mehrere Stunden fix für kreative Freizeitbeschäftigung ein. Sogar für die eigene Firma hat sie schon künstlerisch gearbeitet. Frau Klein fühlt sich ausgeglichen und glücklich.

4	9	2
3	5	**7** Projekte
8	1	6

Alles Leben ist auf Wachstum und Entwicklung ausgelegt. Jeder Organismus, auch wenn er noch so klein und primitiv ist, möchte Leben weitergeben. Was die Natur täglich milliardenfach schafft, haben wir Menschen nicht einmal ansatzweise durchschaut. Wir können auch mit den ausgefeiltesten technischen und medizinischen Methoden noch kein neues Leben erschaffen. Wie es aussieht, wird uns dieses große Geheimnis noch eine Weile begleiten.

Kinder sind, im biologischen Sinn, unser unmittelbares Vermächtnis an die Zukunft. Für alle, die Vater oder Mutter werden, fließen daher in die Zeugung, Aufzucht und Hege ihrer Kinder so viele Emotionen. Dennoch genügt es den meisten Menschen nicht, sich nur auf die Kinder zu konzentrieren. Wir suchen auch noch andere Herausforderungen. In der Geschäftswelt nennt man diese Herausforderungen «Projekte».

In allem, was wir probieren, erforschen oder als Idee, Produkt oder Dienstleistung in die Welt setzen, drücken wir unseren Wunsch nach Vermehrung und Weiterentwicklung aus. Unternehmen, in denen wenig Neues stattfindet, schneiden sich daher vom Strom des Lebens ab. Nur ganz bestimmte Menschen fühlen sich an solchen Arbeitsplätzen auf Dauer wohl: Sie haben einen zurückhaltenden

Multiplikationstrieb oder holen sich ihre Befriedigung außerhalb des Berufs – zum Beispiel durch ein ausgefallenes Hobby.

Drei Energy-Tipps für Ihren Lebensbereich 7
Mit meinen folgenden drei Vorschlägen können Sie Ihre kreative Projekt-Energie in Fluss bringen.

1. Hören Sie auf, zu probieren

Tun Sie eine Sache – oder lassen Sie die Angelegenheit bleiben. Unterlassen Sie Versuche. Warum? Führen Sie folgende Übung durch: Versuchen Sie, den Stift vor Ihnen aufzuheben. Haben Sie ihn nun in der Hand? Sie haben den Test nicht bestanden. Ich sagte: Versuchen Sie, den Stift aufzuheben. Etwas zu versuchen bedeutet, es nicht zu erreichen. In diesem Ausdruck steckt bereits ein Versagen. Wozu soll das gut sein? Wenn Sie das nächste Mal von einem Menschen hören: «Ich möchte das oder jenes versuchen», dann wissen Sie: Er oder sie will es nicht wirklich tun.

Was immer Sie anstreben: Tun Sie es. Oder lassen Sie es bleiben. Nehmen Sie eine Sache in Angriff, wird sie entweder funktionieren – oder eben nicht. Falls es klappt: Gratulation. Falls es schief gegangen ist, fragen Sie sich: Warum? Was sollten Sie ändern? Sie hatten eine faire Chance, dass es gelingt.

2. Behalten Sie sich ein Ass im Ärmel

Wenn Sie etwas Neues angehen, verlassen Sie immer vertrautes Terrain. Das gilt für geschäftliche Projekte genauso wie für Ihre persönlichen und privaten Ziele. Um das in unser Leben zu ziehen, was wir uns wünschen, sollten wir die Energiegesetze verstehen. Wer Erfolg haben möchte, muss die Kunst des «Anziehens» und des «Loslassens» beherrschen – ein Widerspruch, den nur wenige verstehen. Sie brauchen einerseits ein klar definiertes Ziel, das Sie konsequent verwirklichen. Aber erst wenn Sie loslassen, kommt die Energie ins Fließen. Das ist der Grund, warum Ziele, die wir verbissen verfolgen, oft so schwierig verlaufen. Oft muss man eine Sache erst aufgeben (also loslassen) – auf einmal stellen sich die richtigen Dinge von selbst ein.

Loslassen fällt ein bisschen leichter, wenn Sie nicht alle Erwartungen auf eine Karte setzen. Wenn wir etwas unbedingt wollen, sind wir darauf fixiert. Wir werden bedürftig – das schwächt unsere Position (und Energie). Legen Sie sich also immer einen gleichwertigen «Plan B» zurecht. Sie machen sich damit weniger von einer Sache abhängig. Beschäftigen Sie sich immer mit verschiedenen Dingen gleichzeitig. Das verteilt Ihren Fokus und lenkt Sie vom primären Objekt der Begierde ab. Sie signalisieren sich selbst damit: Es gibt auch ein «Leben danach». Die Vorstellung einer Enttäuschung wirkt nicht ganz so tragisch. Gelassenheit und Abstand sind die besten Wunscherfüller.

3. Ziele auf neuem Weg erreichen

Sie können jedes Ihrer (Business-Energy-)Ziele auf bekanntem Weg verwirklichen oder indem Sie sich etwas Neues einfallen lassen. Neue Aktivitäten bringen andere Erfahrungen und ermöglichen häufig Kontakte zu bisher unbekannten Menschen. Daraus können sich ungewöhnliche Ideen und die tollsten Chancen entwickeln. Neue kreative Ideen werden Ihnen nur so zufließen. Schon dreht sich das Rad in die positive Richtung.

Jeder Mensch braucht das Gefühl, dass sich etwas bewegt. Wir alle trachten in unterschiedlicher Intensität danach, dass etwas vorangeht. Sorgen Sie daher in Ihrem Privatleben und im beruflichen Alltag für genügend Abwechslung. Frische Erfahrungen bilden im Gehirn eine Vielzahl neuer Synapsen und Verbindungen. Sie schaffen neue «Choice Points», so nennt man die «Kreuzungen» in der Quantenphysik, an denen man wählen kann, wie es weitergeht. Sie müssen selbst aktiv werden, wenn Sie etwas verändern möchten. Das erzeugt quasi von selbst neue Möglichkeiten. Sie sind nicht wirklich zufällig.

Achtung: Wenn Sie momentan auf der Erfolgswelle surfen, hüten Sie sich vor Selbstgefälligkeit und Stolz. Dass Sie die Dinge bis jetzt gut am Laufen gehalten haben, heißt nicht, dass das morgen automatisch so weiterlaufen wird. Es braucht ein gehöriges Maß an Wachheit und die Bereitschaft, sich selbst und die eigenen Handlungen immer wieder zu hinterfragen, wenn man so lange wie möglich obenauf surfen möchte.

Die «1 bis 1»-Strategie

Damit sind Sie wieder zum Ausgangspunkt zurückgekehrt. Erinnern Sie sich: Ein Energie-Zyklus bewegt sich durch alle neun Lebensbereiche. Jede Runde beginnt bei 1 *(Karriere/Lebensweg)* und endet formal bei Lebensbereich 9 *(Ansehen)*. Solange wir leben, fließt die Energie jedoch ständig weiter. Daher bewegt sie sich auch von 9 wieder zu 1; hier beginnt der nächste Zyklus. Jedes Thema bewegt sich somit im Kreis: von 1 bis 1.

Beachten Sie aber: Jeder Lebensbereich ist gleich wichtig. Viele Menschen geben subjektiv den Themen Partnerschaft, Finanzen und Job *(Karriere)* die höchste Priorität.

Was ist Ihnen beim Durchlesen der neun Lebensbereiche und ihrer Tipps noch eingefallen? Welche Aufgaben sollten unbedingt auf Ihre To-Do-Liste? Was wäre zusätzlich fein, wenn auch aktuell nicht ganz so dringlich?

Überprüfen Sie Ihre zwei oder drei früher ermittelten Schwachstellen (Seite 66). In diesen Lebensbereichen finden Sie das meiste ungenutzte Potenzial. Stimmen diese jetzt noch? Möchten Sie etwas korrigieren?

Nun ist es Zeit, dass Sie das Gelernte umsetzen. Legen Sie für jeden Ihrer drei schwächsten Lebensbereiche ein eigenes *Arbeitsblatt* an (Kopiervorlage Seite 196). Füllen Sie es vollständig aus: Ihren aktuellen Energiestatus und Ihren gewünschten Energiestatus (keine Fantasiezahlen, sondern Werte, die Sie für möglich halten). Beschreiben Sie das Problem, formulieren Sie Ziele und geplante Maßnahmen.

Überprüfen Sie mit dem Muskeltest, mit welchem der drei Themen Sie beginnen sollten. Kontrollieren Sie, ob der Inhalt der drei Arbeitsblätter Sie stärkt. Falls ja: wunderbar. Wenn das Ergebnis schwach testet, untersuchen Sie jeden Punkt individuell. (Das können Sie auch mit dem O-Ring-Test tun, siehe Seite 62.) Stellen Sie folgende Fragen:

- Stimmt mein aktueller Energiestatus?
- Passt der angestrebte Energiestatus? (Viele schätzen hier zu vorsichtig = niedrig.)
- Habe ich mein Problem richtig beschrieben?
- Habe ich mein Ziel kraftvoll und richtig formuliert?
- Passen die ausgewählten Maßnahmen?

So erkennen Sie rasch, welche Punkte Sie weiter ausfeilen sollten. Ihr innerer Radar ist nämlich kritisch. Erst, wenn Sie die besten Formulierungen und Maßnahmen gefunden haben, bekommen Sie ein starkes Ergebnis im Muskeltest. Sind Sie danach immer noch unsicher, ob alles passt, stellen Sie folgende Frage: «Gibt es noch etwas zu berücksichtigen?» Antwortet Ihr Muskel mit «Ja» (starker Muskel), klären Sie die Sache systematisch: Gilt es, Menschen zu berücksichtigen? Einen bestimmten Platz? Den Start-Zeitpunkt? Eine bestimmte Methode? Haben Sie das offene Thema gefunden, testen Sie intuitiv so lange weiter, bis Sie ein abgesichertes Ergebnis haben.

Falls Sie noch immer nicht zu einem klaren Ergebnis kommen: Überprüfen Sie, ob das Gesamtthema (Ihr gewählter Lebensbereich) jetzt überhaupt Priorität hat. Häufig stellt man fest, dass man vorher noch etwas anderes erledigen muss (das kann durch aktuelle Ereignisse ausgelöst sein). Erst dann haben wir «freie Fahrt» für das Hauptproblem. Sie sehen: Alles ist untrennbar miteinander verbunden.

So arbeiten Sie Ihre Problemzonen auf

Das Wichtigste vorneweg: Beginnen Sie einfach! Sie werden überrascht sein: Vieles lässt sich einfacher erledigen, als Sie glauben. Es braucht halt ein bisschen Einsatz. Über 60-70 Prozent aller Anliegen lassen sich meiner Erfahrung nach mit unseren vorhandenen Fähigkeiten und Möglichkeiten lösen!

Lassen Sie daher für den Start die unmöglichen Aufgaben links liegen. Je weniger Energie Sie da hineinstecken, desto besser. Fragen Sie sich stattdessen: Welches Vorhaben lässt sich vielleicht in weniger als einem Monat erledigen? Sind manche Dinge noch rascher zu lösen? Na also, worauf warten Sie noch?

Stellen Sie sich die Aufarbeitung wie ein großes Puzzle vor. Womit würden Sie beim Zusammenbauen beginnen? Richtig: mit den offensichtlichen, den leichten Puzzleteilen. Wir spüren instinktiv, dass das die richtige Strategie ist. Auf dieselbe Weise können wir mit wenig Aufwand die ersten Bereiche unserer Problemzonen klären und gleich Erfolgserlebnisse sammeln. Je weniger komplizierte Angelegenheiten übrig bleiben, desto überschaubarer wird das Ganze. Umso leichter findet sich auch dafür eine Lösung. Sind Sie nicht sicher, wie es weitergehen soll: Ausprobieren hilft!

Fragen Sie sich, wie es beruflich weitergehen soll? Können Sie sich mehr als eine Tätigkeit vorstellen? «Learning by doing» ist hier eine der besten Strategien. Schnuppern Sie in eine Tätigkeit hinein (etwa mit einem Praktikum), besuchen Sie Fortbildungskurse oder erfinden Sie ein kleines Projekt, bei dem Sie erste Erfahrungen sammeln. Befragen Sie jene Menschen, die in diesem Beruf arbeiten (oder zumindest in der gleichen Branche). Sie kommen so mit den richtigen Leuten in Verbindung. Das ermöglicht einen realistischen Einblick in die Materie. Viele Menschen hängen lieber einem nebulösen Traum nach, anstatt sich einfach an die Arbeit zu machen.

Nehmen Sie sich aber nicht zu viel auf einmal vor! Auch Ihre Energie ist irgendwann erschöpft. Bedenken Sie: Unser Leben ist mehr wie ein Marathonlauf, weniger ein Kurzstrecken-Sprint. Teilen Sie Ihre Energien vernünftig ein. Sie werden ohnehin im Laufe der Zeit routinierter. Freuen Sie sich über jedes Teilstück, das Sie hinter sich gebracht haben. Jeder Schritt bringt Sie dem Ziel näher. Die Glückshormone spornen Sie zusätzlich an, sobald das Ende in greifbare Nähe rückt.

Lassen Sie das Business-Energy-Training nicht in Stress ausarten! Davon haben Sie wahrscheinlich ohnehin genug. Wenn Sie es nicht gerne tun, sollten Sie es heute bleiben lassen. Fangen Sie dann lieber morgen damit an. Es wird allerdings immer auch Tage geben, an denen Sie sich nicht so motiviert fühlen. Übertauchen Sie solche Stimmungstiefs, indem Sie trotzdem konsequent dranbleiben. Notieren Sie alle Teilziele im Kalender (Sie behalten damit die Übersicht) und gehen Sie zielstrebig darauf zu.

Energy-Tipp: Es kann Sie motivieren, wenn ein wichtiger Freund ebenfalls ein eigenes Trainingsprogramm bearbeitet. Ein solcher «Buddy» ist bei Durchhängern von Vorteil, das gibt ein bisschen moralische Unterstützung. Sie haben so gleich einen idealen Partner für den Muskeltest. Sie brauchen Ihrer Bezugsperson nicht jedes Detail Ihres Programms zu erzählen. Es reicht schon, zu wissen, dass jemand Außenstehender Sie nötigenfalls in die Pflicht nehmen wird, wenn Sie mal nachlassen.

Setzen Sie den Muskeltest so oft wie möglich ein: Überprüfen Sie, ob Sie mit Ihren Maßnahmen auf dem richtigen Weg sind. Belohnen Sie sich, indem Sie Ihre Fortschritte – erkennbar am aktuellen Energiestatus – überprüfen: «Auf wie viel Prozent von 100 (Ihr realistisches Maximum) stehe ich derzeit?»

Was tun wir mit den unlösbar erscheinenden Aufgaben?
Sie benötigen nun ein schlagkräftiges Werkzeug für jene 30 bis 40 Prozent Ihrer Anliegen, die Sie ohne zusätzlichen Support nicht lösen können.

Achtung: Bitte nehmen Sie für schwerwiegende psychische Probleme oder andere extreme Belastungen unbedingt die professionelle Hilfe ausgebildeter Therapeuten, Ärzte oder Fachleute in Anspruch.

Die folgenden Methoden eignen sich für die Bewältigung der üblichen Schwächen, mit denen sich jeder Mensch im Leben herumschlägt: unsere alltäglichen Verhinderungsstrategien, Ängste, Einseitigkeiten, Unsicherheiten, Verwundungen, Eigenheiten und Defizite, mit denen wir uns unnötig das Leben schwer machen.

Erinnern Sie sich: Jedes negative Ereignis in unserer Vergangenheit hat einen Eindruck hinterlassen – in doppeltem Sinn. Wir waren emotional beeindruckt (wahrscheinlich auf eine Art und Weise, die uns nicht so angenehm war). Und wir haben im sensiblen Energiegefüge des Körpers eine «Delle» abbekommen. Menschen mit der Fähigkeit, die Aura eines Menschen wahrzunehmen, können diese als dunkleren, eventuell farbveränderten Eindruck im Energiefeld erkennen.

Unser Körper speichert die Probleme

Jedes Ereignis, das uns emotional berührt, bindet im Körper Energie. Das funktioniert so ähnlich wie bei einem gerade nicht aktiven Computervirus. Wir wissen nicht, wann der Virus zuschlagen und unser freies Handeln blockieren wird. Er beansprucht außerdem Speicherplatz, im übertragenen Sinn also Energie.

Solche emotionalen Viren verstopfen unser Meridiansystem. Wir tragen manche Einträge ein Leben lang mit uns herum, selbst wenn wir den Grund dafür längst vergessen haben. Die Information wartet, bis ein ähnliches Ereignis eintritt wie der ursprüngliche Anlass. Ist dies der Fall, läuft blitzschnell das gespeicherte Programm ab. Wir (re)agieren also fremdbestimmt – obwohl der Impuls dazu aus unserem Inneren kommt.

Ein Beispiel: Man versucht, etwas zu reparieren, es gelingt aber nicht. Warum? Man hat zu oft im Leben gehört: «Du kannst ja gar nichts.» Als Folge wird man aggressiv – man schimpft über den Hersteller, der so ein idiotisches Teil baut. Man findet hundert

Gründe, warum man es unter anderen Umständen leicht schaffen würde – wenn man nur das richtige Werkzeug hätte usw. Man mauert und nimmt weder Hilfe noch Feedback an.

Die meisten Menschen kennen diesen Mechanismus: Hat uns einmal jemand auf diese oder jene Weise verletzt, reagieren wir in einem ähnlichen Fall genauso – obwohl wir womöglich längst auf intellektueller Ebene dazugelernt haben und wissen, dass etwas so nicht funktioniert.

Diese mächtigen gebundenen Energien können unser Leben extrem hemmen. Die meisten Menschen tragen eine ganze Reihe solcher belastenden Brocken mit sich herum. Wahrscheinlich verstecken sich auch hinter manchen Ihrer schwachen Lebensbereiche und den Themen auf Ihrer To-Do-Liste solche gebundenen Energien. Aber nicht immer ist das offensichtliche gleich das wirkliche Problem. Dieses kann sehr geschickt getarnt sein. Wenn man darauf reinfällt, bearbeitet man zunächst das falsche Thema. Das ist sicherlich auch ein Gewinn, löst aber möglicherweise noch nicht das Hauptproblem. Dann muss man herausfinden, was tatsächlich dahinter steckt. Ihr Körper weiß Bescheid – fragen Sie ihn: mit dem Muskeltest!

EFT – eine revolutionäre Methode, um Probleme zu lösen

Wenn wir wissen, was uns fehlt und welche Unterstützung wir jetzt brauchen, ist die Sache klar. Man müsste nur loslegen. Viele Menschen warten dazu auf einen äußeren Anstoß, aber den sollten Sie nun ohnehin haben. Sie wissen schließlich, welchen negativen Einfluss ungelöste Probleme auf Ihre Lebensenergie ausüben.

Schwieriger wird es, wenn man guten Willens ist und vieles verändern möchte – trotzdem lassen wir uns immer wieder auf ungeschickte Verhaltensmuster ein oder geraten in negative Erlebnisse. Ist das der Fall, sind meist im Körper gespeicherte Energieblockaden im Spiel.

Auch wenn es Ihnen ähnlich ergeht – Sie sind deshalb kein

Therapiefall. Jahrzehntelang hat man versucht, solche Schwächen beispielsweise über eine langwierige Psychotherapie zu lösen. Doch jetzt ist vieles anders! Offensichtlich brauchte es aber erst das Aufkommen des Computerzeitalters, dass sich – vor etwa 20 Jahren – im Bewusstsein der Menschen die entsprechende Resonanz für die dargestellte Methode entwickeln konnte.

Sie werden staunen: Sie können innerhalb einer halben Stunde die Methode erlernen, mit der Sie viele Ihrer Problembereiche erfolgreich zum Positiven verändern können. Die meisten Themen werden sich sogar in Luft auflösen. Lassen Sie sich überraschen: Sie werden sich danach oft nicht mehr vorstellen können, dass eine Angelegenheit früher ein Problem für Sie war!

Bevor Sie Ihre Hemmnisse aufzulösen beginnen, machen Sie sich zunächst mit jenen Körperpunkten vertraut (Abbildung Seite 133), die die Eintrittstore zu den blockierten Energien sind. 17 solcher Punkte verteilen sich über Kopf, Oberkörper und Hände.

Die «zufällige» Entdeckung der Methode

Ich möchte Ihnen nun die Methode «*EFT – Emotional Freedom Technique*» vorstellen. Der klinische Psychologe Roger Callahan entdeckte die Technik sozusagen zufällig, als er mit seiner Klientin Mary eine schwere Wasserphobie bearbeitete. Mary hatte panische Angst vor Wasser, und das auch nach 18 Monaten traditioneller Psychotherapie und Hypnosebehandlungen. Callahan wusste nicht, wie er die Therapie weiterführen sollte. Schließlich folgte Callahan einer Eingebung und bat Mary, unter dem Auge auf einen bestimmten Akupunkturpunkt zu klopfen. Innerhalb von Sekunden geschah das Unfassbare: Marys Angst war wie weggeblasen und blieb es seitdem. So entstand aus einem Zufall eine der wichtigsten Erneuerungen der Medizin, Psychologie und Lebenshilfe der Neuzeit. Deren Siegeszug wird in den nächsten Jahren erst noch so richtig ins Rollen kommen.

Wie können Sie nun mit diesem wunderbaren Werkzeug das

Beste für sich und Ihre Mitmenschen erreichen? Der Callahan-Schüler Gary Craig hatte die Idee, bei einem Durchgang gleich alle Punkte zu klopfen, unabhängig vom Thema und von der Schwere eines Problems. Sie brauchen nicht einmal zu wissen, an welchem Punkt ein spezielles Problem gespeichert ist. Sie erwischen ihn sowieso. Damit haben Sie eine einfache Möglichkeit, emotionale Probleme selbst zu bearbeiten und zu löschen. Lösen Sie Energieblockaden auf, verliert das Problem nämlich seinen Nährboden.

Sie können diese Methode nahezu grenzenlos anwenden: auf Themen wie Partnerschaft, Erziehung, Job, Finanzen, Gesundheit, Selbstachtung, Ängste, Vermeidungsstrategien, Energieräuber, Lebensgenuss, Süchte, Arbeitswut – «you name it». Selbst kritische Geister bezweifeln ihre enorme Wirksamkeit heute nicht mehr. Vom Abnehmen, dem Bewältigen von Ängsten, dem erfolgreichen Verkaufen von Immobilien bis zur Verbesserung des Golf-Handicaps ist den Möglichkeiten nur eine Grenze gesetzt: Ihr eigenes Vorstellungsvermögen.

Wenn man bedenkt, wie massiv sich negative Programmierungen auf unser Leben auswirken – dann möchte man gar nicht glauben, dass man Probleme so einfach und schnell wegklopfen kann, und das ein für alle mal. Hier zeige ich Ihnen nun meine Adaption des EFT, wie ich sie erfolgreich bei meinen Kunden einsetze.

Die 17 Klopfpunkte

Die 17 Meridianpunkte des EFT sind den Menschen seit langer Zeit bekannt. Sie wurden bisher hauptsächlich zu medizinischen Zwecken stimuliert, in der Akupunktur oder der Akupressur. So geht das:

Klopfen Sie die Punkte sanft, allerdings so stark, dass Sie das «Tappen» gut spüren. Am besten klopfen Sie leicht und rhythmisch mit Ihren Fingerspitzen 5-mal auf jeden Punkt. Wählen Sie die für Sie stimmige Geschwindigkeit und Intensität. Sie können auch jeden Punkt 4 bis 5 Sekunden lang sanft massieren.

Von oben nach unten: die Punkte

Sie können alle Punkte, die sich nicht auf der Mittellinie des Körpers befinden, links oder rechts bearbeiten. Einzige Ausnahme ist der «Heilende Punkt» (HP).

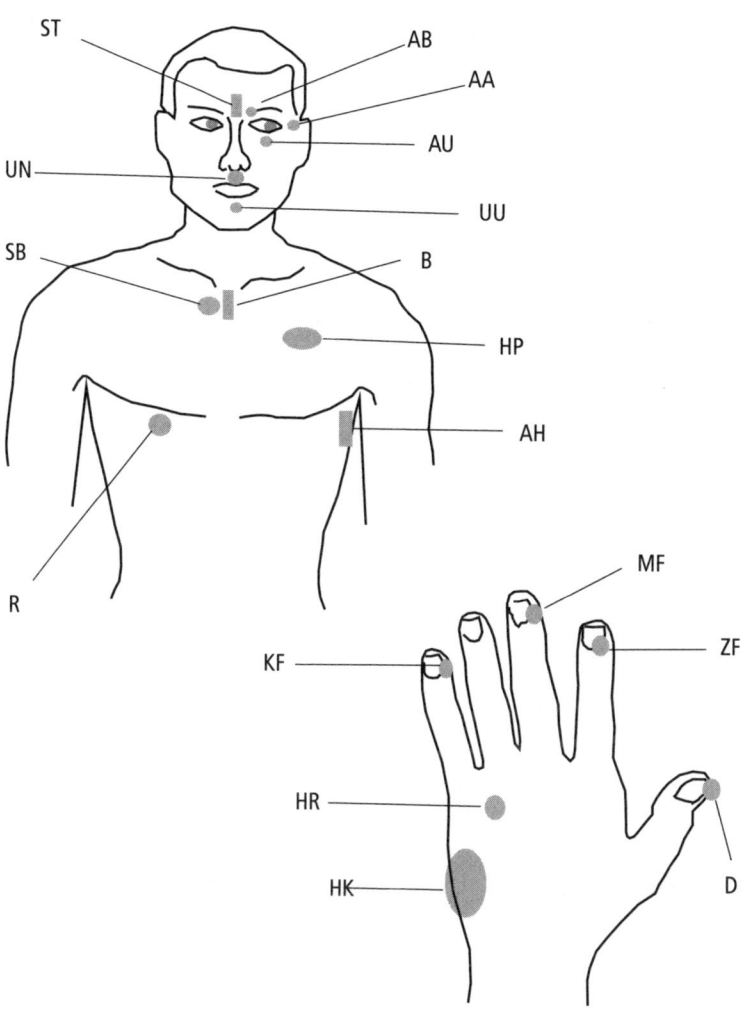

Stirn (ST):	zwischen Nasenwurzel und Haaransatz, etwa 3 Zentimeter über den Augenbrauen
Augenbraue innen (AB):	am Übergang zwischen Augenbraue und Nasenbein
Auge außen (AA):	am Rand der Augenhöhle
Auge unten (AU):	mittig unter dem Auge
Unter der Nase (UN):	in der Mitte zwischen Nase und Oberlippe
Unter der Unterlippe (UU):	in der Grube zwischen Unterlippe und Kinn
Brust (B):	mittig auf Höhe des Schlüsselbeins
Schlüsselbein (SB):	in der Vertiefung zwischen Schlüsselbein und Brustbein
Achselhöhle (AH):	auf Höhe der Brustwarze
Rippe (R):	einen Finger breit unter der Brustwarze
Daumen (D):	am Übergang zwischen Nagel und Finger
Zeigefinger (ZF):	ebenso
Mittelfinger (MF):	ebenso
Kleiner Finger (KF):	ebenso
Handrücken (HR):	der etwa 10-Cent-Stück-große Bereich zwischen und auf den Knöcheln von Ringfinger und kleinem Finger
Handkante (HK):	«der Karatepunkt», etwa in der Mitte der Handfläche
Heilender Punkt (HP):	der weiche, etwas sensiblere (größere) Bereich dort an der linken Brust, wo Sie einen Orden anbringen würden. Massieren Sie diese Stelle einige Sekunden mit den Fingerspitzen kräftig im Uhrzeigersinn (nicht klopfen)

Machen Sie sich nun in Ruhe mit der Lage der Punkte vertraut, indem Sie eine erste Klopfrunde durchführen. Sie bekommen so ein Gespür dafür, wie verschieden sich die einzelnen Punkte anfühlen. Falls Sie einmal nicht sicher sind, wo sich ein Punkt befindet, bearbeiten Sie das Umfeld großflächiger mit zwei oder drei Fingern. So treffen Sie mit Sicherheit.

Die Methode im Überblick

Das Wichtigste ist nun, mit Ihrem Problem Kontakt aufzunehmen. Das ist ziemlich einfach: Wo drückt Sie der Schuh? Was nervt? Sprechen Sie diese Sache so aus, wie sie Ihnen durch den Kopf geht. Zum Beispiel: «Ich arbeite zu viel und vernachlässige meine Familie» oder «Meine ständigen Kopfschmerzen machen mich noch wahnsinnig». Sprechen Sie Ihren Problemsatz laut aus und schreiben Sie ihn zusätzlich auf. Suchen Sie nach möglichst treffenden Formulierungen. So aktivieren Sie die zum Problem gehörende Störung im Energiesystem. Jede gute Problemdarstellung führt über das Nervensystem direkt zu den gespeicherten Problemen und den Energiestörungen der Meridiane. Damit werfen wir einen Blick hinter unsere eigenen Kulissen.

So führen Sie EFT durch

Sie können die Übung im Stehen durchführen, die meisten Menschen setzen sich aber lieber nieder. Auf die Wirkkraft hat das keinen Einfluss – solange Sie sich nicht durch irgendetwas irritiert fühlen. Suchen Sie sich einen angenehmen Platz, wo niemand Sie ablenkt. Ein normaler Zyklus besteht aus drei Durchgängen und dauert rund 10 Minuten.

1) *Denken Sie an Ihren Problemsatz.* Bewerten Sie ihn subjektiv auf der Skala Ihrer eigenen Empfindung zwischen 0 bis 10. 10 stellt ein maximales Maß an Schmerz, Unbehagen, Ärger, Wut usw. dar. 0 bedeutet totale Harmonie. Wir bewerten die meisten Pro-

blemsätze zwischen 8 oder 9. Unser Ziel ist nun, auf 0 oder 1 runterzukommen. Manchmal gelangen wir auch nach 4 oder 5 Durchgängen nicht zu diesem Erfolg. Versuchen Sie in dem Fall eine andere Formulierung. Ein zweites Anliegen ist wahrscheinlich dringlicher.

Beginnen Sie nun Durchgang eins

2) *Führen Sie folgenden Vorgang dreimal durch*: Massieren Sie den Heilenden Punkt (HP) auf Ihrer linken Körperseite und sprechen Sie gleichzeitig Ihren Problemsatz laut aus. Ein Beispiel: «Ich stehe voll und ganz zu mir, auch wenn ich zu viel arbeite und meine Familie vernachlässige.» Ergänzen Sie den Satz mit Ihrer Problemdarstellung. Ein anderes Beispiel könnte sein: «Ich stehe voll und ganz zu mir, auch wenn mich meine Kopfschmerzen noch wahnsinnig machen.»

Durch das Wiederholen des Satzes bleiben Ihre Gedanken beim Problem. Lassen Sie sich nicht ablenken. Falls Sie merken, dass Sie abschweifen, fangen Sie bitte von vorne an.

3) *Finden Sie eine Kurzform für Ihren Problemsatz.* Zum Beispiel: Aus «Ich stehe voll und ganz zu mir, auch wenn ich mich im Dunkeln fürchte» wird nun «Ich fürchte mich im Dunkeln».

Wiederholen Sie diesen kurzen Satz immer wieder und klopfen Sie nun alle Punkte in der Reihenfolge, wie sie auf Seite 134 dargestellt sind.

4) *Sobald Sie durch sind, wiederholen Sie Ihren kurzen Problemsatz, klopfen gleichzeitig auf den Handrückenpunkt (ob links oder rechts ist egal) und machen nacheinander Folgendes:*

- Bewegen Sie Ihre Augen langsam und gleichmäßig vom Boden zur Decke und wieder nach unten. Ihr Kopf bleibt gerade.
- Bewegen Sie Ihre Augen langsam von links nach rechts.
- Beschreiben Sie mit Ihren Augen im Uhrzeigersinn einen großen Kreis. Anschließend beschreiben Sie einen gleichen Kreis gegen den Uhrzeigersinn in die andere Richtung.

- Summen Sie ein paar Takte eines beliebigen Liedes (z. B. Hänschen Klein).
- Zählen Sie laut von 1 bis 5.
- Summen Sie wieder.
- Atmen Sie tief ein und aus.

Anmerkung: All diese ungewöhnlichen Aktivitäten haben den Zweck, bestimmte Gehirnbereiche zu stimulieren.

5) *Klopfen Sie anschließend nochmals alle Punkte von oben bis unten durch.* Atmen Sie tief ein und aus.

   Der erste Durchgang ist hier zu Ende. Sie haben bisher ungefähr 5 Minuten gebraucht.

6) *Wie fühlen Sie sich?* Wie ordnen Sie Ihr Problem nun subjektiv auf der Empfindungsskala zwischen 10 und 0 ein? Wahrscheinlich hat sich der Wert auf 5 oder 6 reduziert. Nun folgt ein zweiter Durchgang mit leicht veränderter Aussage.

Durchgang zwei

7) *Verändern Sie nun den Fokus des Problemsatzes.* Zum Beispiel: Ich stehe voll und ganz zu mir, *auch wenn ich diese Angst vor dem Dunkeln noch nicht vollständig gelöst habe.*

   Sprechen Sie diesen neuen Satz mehrmals laut aus. Wiederholen Sie die Punkte 2 bis 6 des ersten Durchgangs mit Ihrem veränderten Problemsatz.

Durchgang drei

8) *Wenn sich der Wert auf 2 oder 1 reduziert hat, fehlt nur noch der Feinschliff.* Formulieren Sie neuerlich um. Beispiel: «Ich möchte diese Angst vor dem Dunkeln vollständig überwinden und stehe voll und ganz zu mir.» Klopfen Sie noch einmal alle Punkte von oben bis unten durch und wiederholen Sie Ihren neuen Satz dabei.

9) *Das war alles.* So einfach funktioniert EFT. Falls Sie möchten, überprüfen Sie Ihren Erfolg mit dem kinesiologischen Muskel-

test. Wenn Ihnen Ihr bisheriges Problem nach Tagen noch einmal einfällt, wird es Sie vermutlich nicht mehr berühren. Spüren Sie immer noch einen Rest an Stress? Klopfen Sie ihn wieder weg! So lange bis er endgültig verschwindet. Manche Menschen brauchen länger, bis sie sich endgültig von einem belastenden Thema verabschieden. Haben Sie Geduld mit sich.

Hier ist ein Beispiel für einen kompletten Durchgang. Gehören Sie auch zu jenen Menschen, die vieles wissen, die ihre Vorhaben dann aber nicht umsetzen? So können Sie dieses frustrierende, wahrscheinlich Hunderte Male abgespulte Programm ein für alle Mal aus Ihrem Speicher löschen:

- *Problemformulierung:* «Ich nehme mir viel vor, setze es aber häufig nicht um.»
- *Durchgang 1:* «Ich stehe voll und ganz zu mir, auch wenn ich vieles, was ich mir vornehme, nicht umsetze.»
- Als Kurzversion: «Ich setze vieles nicht um.»
- *Durchgang 2:* «Ich stehe voll und ganz zu mir, auch wenn ich meine Umsetzungsschwäche noch nicht ganz gelöst habe.»
- *Durchgang 3:* «Ich möchte diese Umsetzungsschwäche vollständig überwinden und stehe voll und ganz zu mir.»

Klopfen Sie alle Schwachpunkte weg
So einfach wie beim Probedurchgang werden auch Ihre weiteren Klopfrunden ablaufen. Sie werden mit jedem Durchgang weniger über das Procedere nachdenken, weil Ihnen die Lage der Punkte vertrauter wird. Die Durchgänge laufen so immer schneller ab.

Legen Sie immer Zettel und Stift parat, um nach jedem Durchgang alle neuen Anliegen zu notieren. Während Sie ein Thema bearbeiten, kommen Ihnen wahrscheinlich weitere Themen in den Sinn. Warum geschieht das? Sie machen mit dieser Technik Ihre Tür zu Ihrem Unbewussten weit auf. Bleiben Sie Ihrem gewählten Thema treu, bis Sie es vollständig gemeistert haben. Sonst springen

Sie zwischen Ihren Lebensbereichen herum und schließen nichts zufrieden stellend ab.

Holen Sie nun Ihre To-Do-Liste hervor. Schauen Sie sich Ihr wichtigstes Thema genauer an. Wie würden Sie einem anderen Menschen Ihr Anliegen schildern? Fassen Sie Ihre Kernaussage in Ihren eigenen Worten so zusammen, wie Sie es aus dem Muster beim EFT gelernt haben. Es ist gleich, was Sie schreiben und wie Sie es ausdrücken. Ihre Formulierung muss für Sie einen klaren Sinn ergeben. Bedenken Sie: Niemand wird Sie zur Rechenschaft ziehen für das, was Sie hier mit sich selbst bearbeiten. Seien Sie also ehrlich – machen Sie die Dinge nicht schöner, als sie sind.

Tipps aus der Praxis:
- Klopfen tut immer gut, auch wenn Sie kein Anliegen bearbeiten. Das Pochen stimuliert die Meridiane, entspannt und beruhigt. Sie können also nichts falsch machen.
- Sollten Sie einmal keine (oder nur eine geringe) Verbesserung Ihres Anliegens erreichen, versuchen Sie es mit einem anderen Thema oder einer geänderten Formulierung. Wir sind nämlich bei älteren Problemen oft blind für die wirklich wichtigen Themen. Hören Sie daher gut auf Ihre innere Stimme. Meist taucht der alles übertönende Aspekt als Gedankenfetzen, Bild, Idee oder Intuition auf, bevor er schnell wieder abtaucht. Oft können Freunde das Problem treffsicherer formulieren helfen. Probieren Sie so lange, bis es klappt. Der Aufwand lohnt sich.
- Achtung: Bitte bearbeiten Sie keine Traumata oder ernste psychische oder gesundheitliche Probleme. Tun Sie das weder bei sich noch bei anderen. Diese gehören in die Hände von Experten.
- Sie fühlen sich nach den ersten Klopfrunden ein bisschen schläfrig? Macht sich Ihr Körper anderweitig bemerkbar? Das rührt daher, dass die befreiten Energien einiges auslösen. Ihr Körper wird sich rasch an die neue Situation gewöhnen, die Symptome werden bald verschwinden.

- Sie können zum Beispiel folgende Themen mit EFT bearbeiten: Flugangst, Lernblockaden, Konzentrationsschwäche, Prüfungsangst, negative Erwartungshaltung, Allergien, Aggression, Ärger, Neigung zu Vorwürfen, Liebeskummer, Phobien, Abnehmen, Schlafen, Ideen-Findung, Sport, Süchte, Trauer, Antrieb, Durchsetzungskraft, Begeisterung, Kreativität, Freude... und vieles andere. Lassen Sie sich von Ihrer Inspiration lenken – probieren Sie alles aus.

Verankern Sie Ihr neues Ziel

Haben Sie nun Ihre Problem-Energien aufgelöst? Direkt anschließend ist der beste Moment, um das passende positive Ziel in Ihrem Körper zu verankern. Dies natürlich nur, wenn Sie ein konkretes Ziel vorher definiert hatten. Sie können in der Regel Ihr Problem als erstrebenswertes Ziel positiv ausdrücken. Ein Workaholic könnte formulieren: «Ich werde mit meiner Familie jede Woche mindestens 15 Stunden Qualitäts-Zeit verbringen.»

Sie haben nun die beispielsweise der Arbeitssucht (oder Trödlerei) zugrunde liegende Thematik gelöst. Überprüfen Sie auf der Skala der subjektiven Glaubwürdigkeit: Wie sehr glauben Sie an die Verwirklichung des neuen Ziels?

- 1 steht für: absolut unvorstellbar.
- 10 steht für: selbstverständlich mache ich das.

Liegt Ihre spontane Antwort bei 8 oder weniger, sollten Sie zunächst noch eine Klopfrunde einlegen. Machen Sie sich danach ans Verankern Ihres Ziels. Liegt Ihre Antwort bei 9 oder 10, gehen Sie so vor:

1) Holen Sie sich die positive Wunschsituation vor Ihr inneres Auge und halten Sie dieses Bild.
2) Baden Sie im Siegesgefühl. Spüren, hören, schmecken, riechen und sehen Sie mit allen Sinnen das tolle, neue Ergebnis.
3) Klopfen Sie gleichzeitig alle 17 Punkte von oben bis unten durch.

Auf diese Weise verankern Sie das positive Gefühl im Körper. Notieren Sie das Ergebnis. Überprüfen Sie es nach zwei bis vier Wochen noch einmal. Falls der Wert ein bisschen gefallen ist (weil sich noch ein kleiner Rest des Ausgangsproblems zu Wort meldet), klopfen Sie ihn kurzerhand weg.

Nun brauchen Sie Ihre neuen Vorhaben und Ziele nur mehr in die Tat umzusetzen. Die gesunde Basis ist dafür gelegt. Jetzt, wo die energetischen Blockaden endgültig ausgeräumt sind, sollte die Verwirklichung so einfach wie nie zuvor sein. Viel Erfolg!

Was ist bisher geschehen?
Sie haben nun ein stabiles Fundament, von dem aus Sie mit ein paar zusätzlichen Maßnahmen Ihre Energie weiter steigern können.

- Sie kennen den Energiefluss in Ihren neun Lebensbereichen.
- Sie haben angefangen, Ihre Energien in Ihren problematischen Lebensbereichen ins Fließen zu bringen.
- Sie haben gelernt, alte und unlösbar erscheinende Probleme energetisch im Körper aufzulösen.
- Sie haben die ersten positiven Ziele erfolgreich dort verankert, wo sie am unmittelbarsten wirken werden – im Energiesystem des Körpers.

Wie geht es weiter
Im nächsten Kapitel finden Sie ein «Best of» der wirkungsvollsten Tipps und Tools, wie Sie zusätzliche Ressourcen aktivieren und weitere Energien gewinnen können.

Kapitel 4

Bringen Sie noch mehr Energy in Fluss

«Was kann ich noch tun, damit es mir besser geht?» Diese immer wieder gestellte Frage ist berechtigt. Konzentrieren wir uns auf dringende Probleme (was wir in den vorigen Kapiteln getan haben), übersehen wir leicht die nahe liegenden Ressourcen. Diese könnten unser Leben aber ohne großen Aufwand bereichern. Unser Alltag ist voller möglicher Energiequellen. Wir müssen sie erkennen und nutzen. Dann können wir ähnlich viel Energie in unser Leben holen wie bei der Bearbeitung jener Schwachstellen und Problembereiche, die wir mit Business Energy erkannt und vielleicht teilweise auch schon gelöst haben. Insgesamt verdoppeln wir damit unsere Möglichkeiten.

Am besten kombinieren Sie beide Wege. Sie werden damit am meisten profitieren:

- Sie verabschieden sich von einigen Ihrer größten Schwachpunkte.
- Sie lernen, brachliegende Kraftquellen anzuzapfen. Das verbessert Ihre Lebensqualität und fördert Ihre Motivation.

Vergleichen Sie es mit einem Leistungssportler: Dieser unterstützt und begleitet sein körperliches Training ja auch mit allen möglichen optimierenden Maßnahmen. Er sichert sich so den entscheidenden Vorsprung.

Dementsprechend wichtig ist ein abgestimmtes und rundes *Gesamtpaket an Business-Energy-Methoden.* Andernfalls kann es passieren, dass Sie sich mit bestimmten Maßnahmen sogar schwächen, anstatt stärker zu werden. Was hilft Ihnen zum Beispiel ein täglicher Besuch im Fitness-Studio, wenn Ihnen dadurch keine Zeit für Weiterbildung oder Privatleben bleibt?

Zapfen Sie weitere Kraftquellen an

Wir können mit unserer Aufmerksamkeit und Intention viel Energie lenken und beeinflussen. Kraftquellen warten an jeder Ecke darauf, dass wir sie nutzen. Sie erinnern sich: Alles ist Energie. Möglichkeiten zum Energiegewinn finden wir sogar in den scheinbar nebensächlichsten Angelegenheiten. Wir erkennen sie aber oft nicht. Haben Sie beispielsweise schon daran gedacht, das Aufwachen in der Früh zu einer wertvollen Ressource zu machen? Auf Seite 146 unten erfahren Sie mehr darüber.

Energy-Tipp:
Auch wenn Ernährung oder die Wohnung für unser Wohlergehen wichtig sind (mehr dazu auf Seite 181), so steckt mehr Potenzial, als uns bewusst ist, in unserem eigenen Inneren. Was wir für möglich halten, prägt unser Schicksal. Nehmen Sie sich täglich 15 Minuten, in denen Sie jeden Ihrer Gedanken aufmerksam verfolgen: Wo sind Sie losgestartet? Wo hat es Sie hingetragen? Waren schwermütige, sorgenvolle, belastende Gedanken dabei? Wie hätten Sie anders denken können? Versuchen Sie's gleich: Wählen Sie einen Gedanken aus und verändern Sie ihn, indem Sie ihm eine neue Richtung geben. Beobachten Sie sich dabei. Sorgen Sie für einen positiven Ausklang.

Energiequelle Tagesbeginn
Der amerikanische Film «What the Bleep Do We Know?» (siehe dazu: www.whatthebleep.com und www.bleep.de) sorgte zuerst in den USA für Furore – seit kurzem läuft er auch in Deutschland und einigen anderen Ländern. Anerkannte Wissenschaftler unter-

schiedlicher Fachbereiche berichten darin über ihre Erkenntnisse zum Thema Energie und Schicksal.

Die folgende Stelle aus dem Film wird am häufigsten zitiert: Der Biochemiker Dr. Joseph Dispenza beschreibt, wie er die Energie-Gesetze für seine persönliche Tages- und Lebensplanung einsetzt. Er nutzt seine Aufwachphase am Morgen. Das Gehirn ist zu dem Zeitpunkt entspannt und daher sehr aufnahmefähig. Dispenza stellt sich die gewünschten Ergebnisse des neuen Tages so deutlich vor, dass sie tatsächlich eintreten.

Das klingt aus dem Mund eines Wissenschaftlers fast unglaublich: «Wenn ich am Morgen aufwache, kreiere ich mir ganz bewusst meinen Tag. Zwar braucht mein ‹Mind› oft einige Augenblicke, um die verschiedenen Optionen zu erforschen. Daher kann es auch ein Weilchen dauern, bis ich tatsächlich zu dem Punkt komme, wo ich dann bewusst den Tag ‹schöpfe›. Aber wenn ich meinen Tag auf diese Art kreiere, geschehen plötzlich aus dem Nichts kleine Dinge, die ganz unbeschreiblich sind. Ich weiß, dass dieses Geschehen das Resultat meiner eigenen Schöpfung ist. Und je mehr ich das tue, umso mehr neuronale Verbindungen bilden sich in meinem Gehirn. Ich akzeptiere einfach, dass so was möglich ist. Das gibt mir die Power und die Motivation, es auch morgen wieder zu tun.»

Stellen Sie sich Ihren Erfolg bildlich vor

Erinnern wir uns: Wir haben in Kapitel 1 und 2 unsere wichtigsten Stressfaktoren identifiziert. Im 3. Kapitel haben wir belastende Emotionen aufgelöst und positive Ziele verankert. Wir brauchen nun Techniken, um entspannter mit Stress umzugehen. Haben wir uns von den emotionalen Auslösern abgekoppelt, können wir unseren Organismus auf Erfolg programmieren.

«Instead of thinking of things, we have to think about possibilities.» – «Statt über Dinge müssen wir über Möglichkeiten nachdenken.» (Fred Alan Wolf, Physiker)

Das menschliche Gehirn ist unglaublich lernwillig: Es ist auch beim Erwachsenen keine für alle Zeiten fest geformte und unveränderliche graue Masse. Unsere «grauen Zellen» warten vielmehr begierig auf anregende Impulse, um blitzschnell neue neuronale Verbindungen zu bilden. Diese bilden die Grundlage für alle gegenwärtigen und zukünftigen Erfahrungen. Wir weben also ständig an unserer eigenen Zukunft.

Was Dr. Dispenza so erfolgreich in seinem Morgen-Erfolgsprogramm verwirklicht, können wir auch. Von uns geschaffene neue Gehirnverbindungen ziehen gezielt das an, worauf wir unsere Energie fokussieren. Der Hintergrund sieht so aus: Unser Gehirn unterscheidet nicht, ob eine Erfahrung tatsächlich stattfindet oder ob wir sie uns bloß vorstellen.

Wir können uns diesen Mechanismus zu Nutze machen. Wie geht das? Wir legen bereits vor einer «materiellen» Erfahrung im Gehirn solche Nervenverbindungen an, die uns auf Erfolg programmieren. So können wir mit unserer Vorstellungskraft beispielsweise den schulischen Erfolg fördern, Muskeln aufbauen, sportliche Höchstleistungen erzielen oder leichter abnehmen. Sogar von einer schweren Krankheit erholt man sich erfahrungsgemäß leichter, wenn man sich auf ein gesundes, glückliches Leben einstimmt und somit die inneren Kräfte in Richtung Heilung lenkt.

Lernen Sie richtig visualisieren

Damit sich Ihre innere Vorstellungskraft richtig entfaltet, also Ihre Visualisation richtig wirken kann, müssen Sie an Ihr Ziel auch glauben. Überprüfen Sie: Stehen Ihre Wünsche im Einklang mit Ihrem inneren Erleben? Falls Sie irgendwelche Zweifel hegen oder aus einem anderen Grund nicht so richtig überzeugt oder begeistert von einer Idee sind, sabotieren Sie nämlich selbst die wunderbarsten Vorstellungen!

Üben Sie also am Anfang nur mit Dingen, deren Zustandekommen Sie tatsächlich für möglich halten. Am besten visualisieren Sie in entspanntem Zustand – etwa nach dem Aufwachen, beim Meditieren oder wenn Sie im Spaziergehen, Joggen oder einer anderen Tätigkeit so richtig aufgehen. Visualisieren Sie, dass Sie Ihr Ziel erreichen. Wie Sie das Ziel erreichen sollen, brauchen Sie sich gar nicht zu intensiv vorzustellen. Sie würden sich durch eine zu rigide Wegbeschreibung eventuell selbst behindern. Lässt man hingegen den Dingen ihren freien Lauf, entwickeln sie sich von selbst – und das häufig ganz anders, als man es sich überhaupt hätte vorstellen können. Das hat jeder schon erlebt, wie sich manches «ganz von selbst» auf kreative und wunderbare Weise zum Positiven fügt.

Energy-Tipp:
Möchten Sie sich von einer Krankheit rasch erholen? Visualisieren Sie sich kraftvoll und strahlend bei einer Lieblingstätigkeit oder im Urlaub. Wünschen Sie sich eine Gehaltserhöhung? Stellen Sie sich vor, wie Sie nach der Gehaltsverhandlung strahlend aus dem Büro des Vorgesetzten kommen. Verfassen Sie Ihre eigenen Drehbücher nach diesem Schema.

Wichtig ist: Machen Sie sich ein klares Bild von Ihrem Ziel. Stellen Sie sich vor, wie Sie sich über das Erreichte freuen! Wie oft Sie diesen Film in Ihrem Inneren wiederholen, hängt von Ihnen ab. Für manche Menschen reicht es, wenn sie es einmal intensiv erleben. Die meisten beschäftigen sich lieber längere Zeit mit einer Sache, weil das anvisierte Ergebnis somit täglich ein bisschen vertrauter und «normaler» wird. Dadurch hält man es immer mehr für möglich, dass es eintreten wird.

Energy-Tipp:
Trainieren Sie Ihre Visualisierungskünste mit folgender Übung: Planen Sie beim Aufwachen Ihren Tag so, wie es Dr. Dispenza beschrieben hat. «Beschließen» Sie, dass Ihnen als Beweis für Ihre schöpfe-

rischen Kräfte heute etwas ziemlich Ungewöhnliches geschehen möge. Wenn dies tatsächlich eintrifft, werden Sie im ersten Moment vielleicht irritiert oder zumindest verblüfft über Ihre eigenen Kräfte sein. Dann aber werden Sie ein unbeschreibliches Glücksgefühl erleben. Sich selbst zu beweisen, dass man durch sein eigenes Tun ein Geschehen beeinflussen kann, ist eines der stärksten Erlebnisse, das ein Mensch haben kann. Eigentlich ist es ja was Alltägliches, wir tun es laufend, allerdings ohne uns darüber im Klaren zu sein.

Sie können nicht imaginieren?

Einige Menschen glauben, sie können nicht visualisieren, und probieren es deshalb gar nicht. Dabei haben wir es alle schon Tausende Male erfolgreich angewandt: Wir rufen uns eine schöne Situation in Erinnerung oder stellen uns vor, wie der Urlaub oder eine Verabredung verlaufen wird. Das ist wirklich einfach. Manche Menschen sehen innere Bilder, andere erleben intensive Gefühle, oder wir *hören, schmecken* oder *riechen* eine Situation. Jeder nutzt einen anderen Sinn oder eine Kombination mehrerer Sinne! Entscheidend ist, in die vorgestellte Situation vollkommen einzutauchen.

Unser Gehirn interpretiert unser Bild damit als Wahrheit. So entstehen von Tag zu Tag, von Visualisation zu Visualisation neue neuronale Netze. Diese strahlen jene Energien aus, mit denen wir nach dem Resonanzprinzip die gewünschten Ereignisse ins Leben rufen. Ein machtvoller Kreislauf kommt in Gang. Das ist keine Zauberei, sondern das sinnvolle Anwenden der Energiegesetze.

Nutzen Sie Ihre Vorstellungskraft vor schwierigen Meetings! Stellen Sie sich mit allen Sinnen vor, wie die Situation auf die beste und erfolgreichste Art abläuft. Stellen Sie sich Ihr eigenes Handeln souverän, ruhig, kreativ und stark vor.

Sie zweifeln an der Wirksamkeit des Imaginierens? Ich gebe zu, es klingt zu gut, um wahr zu sein. Dennoch: Es ist oft nicht so einfach, wie es scheint. Die meisten Menschen haben sich daran gewöhnt, dass alles schwierig ist. Man muss sich anfangs selbst über-

reden, um die Methode ernsthaft und mit voller Überzeugung an-
zuwenden. Schon mit den leisesten Zweifeln sabotieren Sie Ihr Ergebnis. Halten Sie es also für möglich, dass Sie Ihre Wunsch-Ergeb-
nisse «bestellen» können.

Energy-Tipp:
Um Vertrauen in die Methode zu gewinnen, schicken Sie am besten
jeden Tag zumindest einen kleinen Wunsch los. Sie aktivieren damit
Gedanken-Energien, die zum Erreichen des Gewünschten beitragen.
Noch wichtiger ist Ihre wachsende positive Einstellung zu dieser
Technik. Sie werden nun immer öfter denken: «Das könnte ich mal
bei meinen Neuronen bestellen.» Schreiben Sie Ihre Bestellungen
auch auf – am besten jede auf ein eigenes Kärtchen im A6-Format.
Nehmen Sie regelmäßig jedes Kärtchen einzeln zur Hand und überprüfen Sie, was sich bereits erledigt hat.

Energiequelle Tagesabschluss

Gönnen Sie sich bereits das tolle Erlebnis einer positiven Tages-Zu-
sammenfassung? So geht das:

Lassen Sie Ihren Tag Revue passieren und fragen Sie sich: «Was
habe ich heute alles erledigt? Ich habe mit Herrn Wiedergut das
neue Projekt abgesprochen, Frau Herbst über die nächste Kollek-
tion informiert, zwei Pressemitteilungen verfasst, einen neuen
Kunden gewonnen, das Archiv aufgeräumt, und am Abend war ich
im Fitnessstudio. Das war ein toller Tag heute.»

Warum gönnen Sie sich diesen Energie-Schub nicht täglich?
Nicht jeder Tag kann gleich erfolgreich sein, manchmal hat man
nicht einmal besonders Großes vollbracht. Feiern Sie sich trotzdem!
Räumen Sie vor dem Heimgehen Ihren Schreibtisch auf. Fokussieren Sie gezielt auf die positiven Dinge, am besten bevor Sie Ihr Büro
verlassen, spätestens jedoch vor dem Zubettgehen. Klopfen Sie sich
(zumindest geistig) auf die Schulter. Bestätigen Sie sich, wie toll das
heute Erreichte ist. Tun Sie das nur, wenn Sie es schaffen, sich wirk-

lich auf das Erreichte und Positive zu konzentrieren. Nichts ist schlechter, als mit Ärger oder Sorgen ins Bett zu gehen. Legen Sie lieber alles Belastende schon beim Heimgehen bei der Bürotür ab! Es läuft Ihnen ohnehin nicht davon. Halten Sie berufliche Sorgen (soweit sie nicht Ihr privates Umfeld betreffen, wie bei Jobwechsel) weitestgehend von zu Hause fern. Tun Sie alles in Ihrer Kraft Stehende dafür, die privaten Räume neutral, heimelig und erholsam zu gestalten und zu erleben. Berufliche Sorgen haben dann weniger Macht über Sie. Sie tanken an Ihrem Rückzugsort wieder Kraft und erlangen den nötigen Abstand. Wir können uns so am nächsten Tag erholt und energetisiert den Herausforderungen aufs Neue stellen.

Energy-Tipp:
Stellen Sie sich kurz vor dem Einschlafen die Frage: Welche Wünsche möchte ich morgen früh visualisieren (wenn das Gehirn dazu optimal aufnahmefähig ist)? So steigt die Wahrscheinlichkeit, dass Sie sich auch im Traum mit diesem Thema beschäftigen. Wertvolle Hinweise können sich einstellen. Grübeln Sie aber nicht lange nach! Das würde Sie nur um den Schlaf bringen. Es genügt, die Frage als flüchtigen Gedanken durch den Kopf ziehen zu lassen – am besten knapp vor dem Wegdösen. Träumen Sie gut!

Energiequelle Gehirn

Unser Gehirn hält noch weitere Energiequellen bereit. Wir müssen den richtigen Teil unseres Gehirns, nämlich das Vorderhirn, ansprechen, um neue Ideen und bewusste Entscheidungen zu aktivieren. Solange sich nämlich das Hinterhirn mit seinen Instinkten und Überlebensmustern einschaltet, reagieren wir spontan und ohne weiter nachzudenken auf äußere Stressfaktoren.

Der Hintergrund: Unser Hinterhirn speichert vergangene Erfahrungen, im Vorderhirn hingegen regieren das Bewusstsein für die Gegenwart und die Vernunft. Das ist der Grund, warum wir alte Stressfaktoren so rasch wie möglich aus dem Körper befreien sollten. So entziehen wir dem Hinterhirn seine Macht. Dadurch kann es nicht mehr bei neuen Erfahrungen stören. Mit der Methode des EFT ist das vergleichsweise einfach möglich.

Ihre dominante Gehirnhälfte

Nicht nur das vordere und das hintere Gehirn entscheiden. Auch links und rechts will bedacht sein. Die linke analytische Gehirnhälfte wird (bei Rechtshändern) meist der Logik zugeordnet, die rechte, kreative gilt als gestalterische Gehirnhälfte. Die meisten Menschen haben eine so genannte dominante Hand, wir sind Rechtshänder oder Linkshänder. Wir haben auch einen dominanten Fuß, ein dominantes Auge, ein dominantes Ohr und eine dominante Gehirnhälfte. Warum wir uns in bestimmten Situationen so und nicht anders verhalten, hat wesentlich damit zu tun.

Was allgemein weniger bekannt ist: Bei vielen Menschen sind die dominanten Körperteile vermischt: Unser dominantes Bein mag links sein, die dominante Hand aber rechts. Das macht unsere Reaktionen unter Stress so schwierig: In einer solchen Situation kehren wir blitzartig zu unseren alten, für den Überlebenskampf entwickelten Dominanzmustern zurück. Stellen Sie sich das zum Beispiel so vor: Ein dominantes Logik-Auge erhält akustische Informationen von einem Gestalt-Ohr. Hier läuft eine Art Notbetrieb: Eine Gehirnhälfte übernimmt das Kommando, egal ob die einzelnen Körperteile das verstehen. Was im Normalbetrieb einigermaßen funktioniert, nämlich dass alles genügend Zeit und Energie erhält, um sich einzugliedern, wird dann unmöglich. Wir handeln sozusagen unter Kurzschluss. Jedes System läuft autonom, der Austausch bricht zusammen. Aber genau den bräuchte es umso mehr. Das ist so, wie einen Film in einer fremden Sprache anzusehen. Die Verbindung zwischen rechter und linker Gehirnhälfte ist unterbrochen – jede versucht, allein mit dem Problem fertig zu werden. Wir haben Schwierigkeiten, zu denken und gleichzeitig zu handeln. Wir strengen uns mehr an, was wiederum den Stress verstärkt. Wir handeln also extrem einseitig; neue Lösungen für Probleme finden wir in diesem Zustand bestimmt nicht. Wir verlieren durch den Stress so viel Gehirnleistung, dass nur mehr dreißig Prozent Leistungsfähigkeit der eingeschalteten Hälfte übrig bleiben. Es überrascht nicht, dass wir uns unter Stress so anders als üblich verhalten.

Damit all das nicht vorkommt und man auch bei Stress leistungsfähig bleibt, brauchen wir Integrationsmaßnahmen, die die verschiedenen Areale unseres Gehirns synchronisieren. Sie stellen sicher, dass wir unsere Energien vollständig nutzen können.

Synchronisieren Sie Ihre Gehirnhälften

Wenn unser Organismus optimal arbeitet, sendet das Gehirn Signale an die richtigen Stellen im Körper. Umgekehrt verarbeitet unser Gehirn die erhaltenen Sinneseindrücke in diesem Zustand bestmöglich. Es fällt uns dann leicht, bewusst zu handeln.

Geraten wir unter Stress, zieht der Organismus Energie aus dem Vernunftbereich der Großhirnrinde ab. Die beiden Gehirnhälften kommunizieren nicht mehr miteinander. Einzelne Sinnesorgane können unbeabsichtigt abgeschaltet werden. Ein Beispiel: Dadurch kann es passieren, dass man zwar noch – wie in einem Stummfilm – sieht, was geschieht, aber das Gesprochene einfach nicht mehr aufnimmt. Das muss nicht passieren: Wir können mit Meditation und weiteren Techniken den Zustand des Gehirns so beeinflussen, dass es im Bedarfsfall (z. B. unter Stress) in der Balance bleibt. Jeder Mensch sollte sich auf diese Weise ein eigenes «Gehirn-Harmoniepaket» zusammenschnüren.

Harmonisieren Sie sich mit Überkreuzbewegungen

Jede Gehirnhälfte koordiniert die gegenüberliegende Körperhälfte. Um beide Gehirnhälften gleichzeitig zu aktivieren, machen Sie

Überkreuzbewegungen mit Armen und Beinen. Das baut Stress ab, und Sie nehmen Neues leichter auf.

Suchen Sie sich einen angenehmen Platz, wo Sie gut stehen und sich frei bewegen können. Heben Sie nun gleichzeitig Ihren linken Arm und Ihr rechtes Bein, danach den rechten Arm gemeinsam mit dem linken Bein. Anschließend bewegen Sie Arm und Bein auf derselben Seite: heben Sie den linken Arm und das linke Bein gleichzeitig, anschließend den rechten Arm und das rechte Bein. Machen Sie sieben Durchgänge des Ganzen. Falls Sie sich beobachtet fühlen, führen Sie die Übung mit Minibewegungen durch. Es genügt, wenn sich eine Zehe und ein Finger ein bisschen bewegen. Das geht sogar während eines Gesprächs.

Mit Rhythmus zu Harmonie und Energie

Das gesamte Universum schwingt – und somit alles in ihm. Rhythmen bestimmen auch unseren menschlichen Organismus: Dazu zählen Nervenimpulse, Herzschlag, Atmung, Blutdruck und viele weitere Rhythmen. Sie halten uns am Leben, formen den Körper, prägen unsere Konstitution und bestimmen unser gesamtes Sein.

Die westliche Wissenschaft hielt diese Tatsache lange Zeit für nicht wichtig. Mittlerweile wird immer klarer: Dieses Schwingen ist keine Laune der Natur, sondern eine wesentliche Bedingung für unsere Gesundheit und unser Wohlbefinden.

Jeder Musiker in einem Orchester, jedes Instrument muss sich auf das Stück einschwingen, um Wohlklang zu erzeugen. Genauso ist es in einem gesunden Organismus.

Dirigieren Sie Ihr eigenes Orchester richtig

Alles, was dem natürlichen Rhythmengefüge zuwiderläuft, wirkt schädlich und macht uns krank. Allzu viel bringt unseren Körper heute aus dem Takt: Dazu zählen Stress, Reizüberflutung, unregelmäßiges und falsches Essen, zu wenig Schlaf, Elektrosmog, Bewegungsmangel, zu seltene Pausen und vieles mehr. Anstatt energiespendender Harmonie herrscht Disharmonie. Wir bezahlen für unser disharmonisches, unrhythmisches Leben mit Konzentrationsproblemen, Antriebsschwächen, Schlafstörungen, Burn-out, Erkrankungen, hohen Fehlerquoten und Unfällen.

Was läuft nun biologisch in uns während dieser Zustände ab? Befindet sich ein Mensch im aktiven und gespannten Zustand (etwa beim Arbeiten), orientiert sich der Herzschlag am Blutdruck oder an der Durchblutung der peripheren Gefäße. Im entspannten Zustand passt sich die Herzfrequenz hingegen dem Atem an. Blutdruck und Atem haben daher einen wichtigen Einfluss auf unser Allgemeinbefinden.

Wir brauchen also eine Balance zwischen Aktivität und Entspannung, und zwar an jedem einzelnen Tag. Ein über längere Zeit verschobenes Gleichgewicht lässt sich daher nicht mit ein paar Tagen Wellness alle paar Monate reparieren.

Einer der wichtigsten Zyklen im Tagesablauf ist der Basic Rest/Activity Cycle (BRAC). Auf jeweils 70 aktive Minuten folgen ca. 20 Minuten, in denen sich unser Organismus passiv und rezeptiv verhält. In der passiven Phase ist die rechte Gehirnhälfte aktiv: Sie sorgt für Ausgleich und Harmonie – als Gegenpol zu einseitiger intellektueller und geistiger Tätigkeit. Sie stellt den natürlichen Rhythmus wieder her.

Energy-Tipp:
Halten Sie sich im eigenen Interesse an diesen biologischen Rhythmus. Was passiert, wenn wir ihn übergehen und zum Beispiel ständig Pausen vergessen? Unter solchen Bedingungen werden die Abweichungen zwischen der aktiven und passiven Phase von Mal zu Mal größer. Irgendwann ist man zu weit vom ausgeglichenen Sollzustand entfernt. Der Körper kann seine harmonische Ordnung nicht mehr selbst herstellen. Auch, wenn man mal ein paar Tage Zeit zum Ausspannen hätte, gelingt das nicht mehr. Wir haben unsere natürliche Mitte verlassen. Das macht anfällig für die kleinsten Probleme.

Das kann eine Erkrankung sein, ein Missgeschick oder ein durch unüberlegtes Verhalten entstehender Fehler. Wir handeln unkonzentriert oder achtlos, treffen Fehlentscheidungen oder folgen falschen Intuitionen. Wir tätigen eine unglückliche Investition, oder eine Aktion oder die Attacke eines Mitbewerbers trifft uns unvorbereitet. Sie erinnern sich: Alle negativen Ereignisse halten uns einen Spiegel vor. Sie weisen uns darauf hin, dass irgendwo in unserem System die Harmonie (und somit die Kraft) verloren gegangen ist (siehe dazu auch Seite 35). Erst wenn wir die natürliche Balance wiedererlangen, werden sich die Dinge beruhigen. Dann wird das Leben nahezu von selbst wieder einfacher und stabiler, die Probleme treten in den Hintergrund.

15 Schritte zu mehr Gleichgewicht

Wie können wir die Balance von Yang (Aktivität, Anspannung) und Yin (Ruhe, Entspannung) im Alltag erreichen? Die folgenden kurzen Anleitungen werden Ihnen zu einem besseren Gleichgewicht verhelfen. Die Tipps wirken bereits einzeln hervorragend, am besten aber als Gesamtpaket.

Energy-Tipp:

Wenn Sie die folgenden Maßnahmen anwenden, werden Sie wahrscheinlich bald erste Verbesserungen verspüren. Das wird Sie ausgeglichener und ruhiger machen. Auch Ihre berufliche Leistungsfähigkeit wird sich verbessern. Achten Sie also darauf: Missbrauchen Sie die neu gewonnenen Energien nicht dazu, um noch mehr zu arbeiten!

1. Stimulieren Sie Thymusdrüse und Heilenden Punkt

Ich kann es nicht oft genug betonen: Die Werkzeuge der Kinesiologie und des EFT sind sehr, sehr wertvoll, wenn Sie sich mehr Energie und Ausgeglichenheit für Ihr Leben wünschen.

- Gönnen Sie sich mehrere Male täglich Ihre Dosis Energie. Klopfen Sie sanft die Thymusdrüse direkt auf der Haut (Seite 39). Tun Sie das immer, wenn Sie sich müde, unkonzentriert oder blockiert fühlen oder wenn Sie dem Verlangen nach Kaffee, Süßigkeiten oder Zigaretten ein Schnippchen schlagen möchten.
- Um Körper, Geist und Seele zu entspannen, massieren Sie, wann immer es passt, den Heilenden Punkt (Seite 133).

2. Halten Sie Essrhythmen ein

Gutes Essen gilt als ideale Gehirnnahrung: Dazu zählt möglichst biologische, frische, vitalstoffreiche und abwechslungsreiche Kost mit hohem Gemüse- und Obstanteil (und gelegentlich ein paar Nüssen).

Besonders wichtig sind die Umstände, wie Sie Ihre Nahrung zu sich nehmen. Achten Sie auf möglichst regelmäßige Mahlzeiten, auch wenn Sie beruflich viel unterwegs sind. Gönnen Sie sich ein wohltuendes Umfeld und schlingen Sie nicht nur hastig ein paar Bissen hinunter.

3. Timen Sie Ihre Arbeitspausen

Täuschen Sie sich nicht über Phasen der Müdigkeit hinweg, indem Sie jede Menge Kaffee konsumieren. Planen Sie nach 70 bis 75 Minuten konzentrierter Arbeit immer 15 Minuten zum Loslassen und Entspannen ein. Stehen Sie zumindest vom Schreibtisch auf! Tun Sie etwas ganz anderes. Lüften Sie Ihren Kopf bei einfachen Tätigkeiten durch. Für feinmotorische Tätigkeiten ist nachgewiesen: Die Arbeit gelingt doppelt so schnell, wenn man die Auszeiten einhält, als wenn man immer durcharbeitet.

Wenn Sie im Büro arbeiten, sollten Sie unbedingt weg vom Bildschirm. Sie erholen sich beim Surfen im Internet nämlich nicht! Auch für den Abend und das Wochenende gilt: Je intensiver und fordernder Ihr Job ist, desto geruhsamer sollten Sie Ihre Freizeit verbringen. Auch der Umkehrschluss ist zulässig: Je monotoner Ihre Arbeit ist, desto mehr sollten Sie für kreative Aktivitäten in Ihrer Freizeit sorgen. Aber Achtung: Am besten ist es, auch Ihren Arbeitsalltag aufzulockern und ein bisschen lebendiger zu gestalten. Je weniger Einseitigkeit entsteht, desto weniger müssen Sie für Ausgleich sorgen.

4. Atmen Sie sich frei
Achten Sie in Ihren Pausen bewusst auf Ihren Atem. Der Atem galt schon immer als die Quelle der Lebensenergie. Atmen wir flach und hektisch, verschwenden wir dabei bis zu 50 Prozent unserer Lebensenergie. Es hilft schon, tief durch die Nase zu atmen! Mit folgender Übung fühlen Sie sich sicher bald kraftvoller, zentrierter und ausgeglichener.

Wechselatmung: Die wenigsten Menschen wissen es: Der Strom unseres Atems wechselt regelmäßig von einem Nasenloch zum anderen. Unser rechtes Nasenloch dominiert in Phasen starker Aktivität, das linke in Ruhephasen. Diese natürliche Polarisierung bricht in Stressphasen zusammen, ein Ungleichgewicht entsteht im Körper. Atmen wir stärker durch das momentan passive Nasenloch, hilft das bereits beim Entspannen. Dies geschieht bei der Wechselatmung. So geht das:

Legen Sie Ihre Zungenspitze an den Gaumen. Halten Sie Ihr linkes Nasenloch von der Seite zu und atmen Sie ein. Lassen Sie los und halten Sie zum Ausatmen das rechte Nasenloch zu. Wiederholen Sie diese Übung fünfmal. Wechseln Sie nun zum rechten Nasenloch und wiederholen Sie den gleichen Vorgang fünfmal.

Wie fühlen Sie sich? Wahrscheinlich wacher, konzentrierter und entspannter. Wiederholen Sie die Übung, so oft Sie möchten. Sie erhöht den Sauerstoffgehalt im Gehirn und aktiviert die beiden Gehirnhälften. Auch Bewegung ist Energie und regt unseren Organismus an. Bewegen Sie sich also regelmäßig an der frischen Luft. Selbst unsportliche Menschen können zumindest flott gehen.

5. Achten Sie auf Ihren Tagesrhythmus

Sind Sie Morgenmensch, Siestatyp oder Abendmensch? Teilen Sie sich schwierige und weniger fordernde Aufgaben so ein, wie es Ihrem Leistungsvermögen entspricht. Wahrscheinlich wird es Ihnen nicht immer gelingen, alle Verabredungen oder Meetings auf Ihren Wunschzeitpunkt zu verlegen. Aber die restliche Tagesgestaltung lässt sich bestimmt entsprechend beeinflussen.

6. Folgen Sie dem Rhythmus griechischer Verse

Neue Studien aus der Rhythmusforschung zeigen: Wenn wir Verse antiker Dichter wie Homer, Ovid oder Vergil laut und rhythmisch lesen, wirkt sich das wohltuend auf unseren Herzschlag und unseren Atem aus. Das Hexameter-Versmaß erzeugt einen besonderen Rhythmus. Dieser sorgt für eine harmonische und regelmäßige Herzschlagfolge – Herzschlag und Atemfrequenz laufen synchron. Der Hexameter hilft offensichtlich dem Körper, seinen eigenen, idealen Rhythmus zu finden.

Unter www.business-energy.de finden Sie ausgewählte Verse.

7. Übungen für mehr Konzentration und weniger Stress

Umweltgeräusche und Lärm sind (nicht nur in Großraumbüros) zu einem alltäglichen Problem geworden, das jeden betrifft. Unsere Fähigkeit zu Konzentration und Aufmerksamkeit hängt davon ab, wie gut wir Außengeräusche filtern können: Wir entscheiden dann intuitiv, was wir wichtig finden und hören wollen. Dazu müssen wir uns aber sicher fühlen, weil sonst das Gehirn automatisch im Überlebensprogramm bleibt: Dann analysiert es alle Außengeräusche und ist ständig auf der Hut vor Gefahr. In diesem Fall ist unsere Aufmerksamkeit geteilt; wir können uns nicht auf die wichtigen Aufgaben konzentrieren. Dieser Stress blockiert die Lern- und Merkfähigkeit. Dasselbe Problem entsteht übrigens, wenn man ungeschützt mit dem Rücken zum Eingang, zum Lift, zum Gang oder zu den Kollegen sitzt.

Im Schulter und Nackenbereich sitzen Rezeptoren, die auf Geräusche reagieren. Sind wir im Nacken verspannt, kann das unser Gehör, das Verstehen, Denken, die Erinnerung, unsere Rechenkenntnisse, die Rechtschreibung und sogar das Sprechen beeinträchtigen. Lockern Sie daher Ihre Nackenmuskulatur regelmäßig! Stressbedingte Blockaden lösen sich mit den folgenden Übungen leicht auf.

Eule: Legen Sie Ihre rechte Hand auf die linke Schulter. Packen Sie Ihre Schultermuskulatur fest. Atmen Sie tief ein. Beim Ausatmen drehen Sie den Kopf nach rechts. Blicken Sie über Ihre rechte Schulter. Drehen Sie beim Einatmen den Kopf wieder nach vorne. Beim erneuten Ausatmen drehen Sie den Kopf zur linken Schulter, danach wieder nach vorne.

Atmen Sie aus und senken Sie Ihren Kopf. Atmen Sie wieder ein und heben Sie den Kopf. Fertig.

Führen Sie diese Übung dreimal durch. Anschließend machen Sie dieselbe Übung mit der anderen Seite. Legen Sie die linke Hand auf die rechte Schulter und machen Sie weitere drei Durchgänge. Diese Brain-Gym-Übung löst Verspannungen der Schulter- und Nackenmuskulatur.

Denkmütze: Rubbeln Sie sanft Ihre Ohren. Entfalten Sie mehrmals Ihre Ohrränder sanft von oben nach unten. Ziehen Sie die Ohren sanft zur Seite. Am Ohr erreichen Sie eine Menge Akupressurpunkte. Das belebt den Organismus und aktiviert Ihre Gehirntätigkeit. Diese Übung aus der Kinesiologie hilft, Ihre Aufmerksamkeit, Denkfähigkeit und Konzentration wiederzuerlangen.

8. Nur nicht zu viele Reize

Wenn Sie zu viel fernsehen, im Internet surfen, Computerspiele spielen oder Musik hören, können Sie sich bald von Reizen überflutet fühlen. Zeiten ohne Medienkonsum sind wichtige Ausgleichsphasen. Dies gilt für den gesamten Tag, besonders aber vor dem Schlafen. Sollten Sie unter schlechtem Schlaf leiden (siehe nächsten Punkt), sind Extra-Ruhepausen tagsüber sinnvoll: zum Beispiel ein kurzer Mittagsschlaf.

Fernsehen und Computerspiele helfen nicht wirklich, um Stress abzubauen. Unser Organismus gerät dabei in einen schlaf-ähnlichen Trancezustand – jedoch ohne Erholung. Der Grund da-für: Die vegetative Rhythmik ist gestört.

In schwierigen Situationen nach draußen zu gehen oder Freunde zu treffen hilft ungleich mehr. Wir können noch mal über alles nachdenken. Drehen Sie also nach einem ausgedehnten Fern-seh- oder Computerabend am besten ein paar Runden um den Häuserblock.

9. Sorgen Sie für einen regelmäßigen Schlafrhythmus

Es ist kein Geheimnis. Wer über längere Zeit unregelmäßig zu Bett geht, tut sich nichts Gutes. Gewöhnen Sie sich an einen regelmä-ßigen Rhythmus zwischen Schlafen und Wachen. Wenn Sie unre-gelmäßig oder in der Nacht arbeiten müssen, sollten Sie besonders intensiv auf Ihre Gesundheit achten. Beherzigen Sie die Tipps die-ser Liste und sorgen Sie für möglichst ungestörten Schlaf.

10. Vermeiden Sie Schlafstörungen

Ein guter Schlaf ist die Grundlage für ein gesundes und erfolgrei-ches Leben. Sind wir nicht ausgeruht, müssen wir unsere Reserven anknabbern. Das stresst und laugt aus, wenn es über einen länge-ren Zeitraum geschieht. Dann sinkt unsere Leistungsfähigkeit spürbar. Eine ganze Reihe von Maßnahmen kann die Schlafquali-tät verbessern und zu gutem, erholsamem Schlaf verhelfen. Wesent-lich ist ein guter Bettplatz.

- Essen Sie keine schweren Mahlzeiten am Abend. Gehen Sie lie-ber mit leichtem Hungergefühl ins Bett. Auch Alkohol kann zu Schlafproblemen oder Schnarchen führen.
- In der Nähe Ihres Betts sollten sich keine eingeschalteten Mo-

biltelefone befinden, kein Fernseher im Stand-by-Betrieb oder ein Radiowecker mit LED-Anzeige. Alle diese Geräte belasten die Atmosphäre durch technische Störfelder.

- Stromfreischalter halten das Schlafzimmer nachts frei von Strom.
- Metallteile im Bett oder in den Matratzen (Federkern) können bestehende magnetische Felder verstärken.
- Wenn es im Raum zu hell ist, kommt die für den Schlaf-Wach-Rhythmus zuständige Zirbeldrüse (Epiphyse) durcheinander und unterdrückt die Melatonin-Produktion. Der Schlaf wird dadurch unruhiger und weniger tief. Verdunkeln Sie Ihr Schlafzimmer mit dicken Vorhängen oder Rollos.
- Unser Organismus schüttet bei Lärm vermehrt Cortisol und Adrenalin aus. Das macht unseren Schlaf ebenfalls unruhiger. Schlafen Sie möglichst im ruhigsten Raum. Auch Lärmschutzfenster oder Ohrstöpsel helfen.
- Sind wir gestresst oder ärgerlich, fördert das nicht gerade einen ruhigen Schlaf. Der Erholungswert ist gering – wir wachen in der Früh wie gerädert auf. Legen Sie Ihre Emotionen vor dem Zubettgehen symbolisch außerhalb des Schlafzimmers ab (noch besser: außerhalb des Hauses). Sie können Sie ja am nächsten Tag wieder abholen.
- Lesen Sie lieber ein gutes Buch zur Entspannung oder machen Sie einen Spaziergang, meditieren Sie oder hören Sie ruhige Musik. Auch Sex wirkt, durch die Flut an Hormonen, positiv auf den anschließenden Schlaf.
- Schlechte und zu warme Luft stört den Schlaf. Halten Sie die Raumtemperatur eher niedrig (angeblich sind fünfzehn Grad ideal). Ein Luft-Ionisator (siehe auch Seite 171) sorgt für frische Luft.
- Bett, Lattenrost und Matratze sollten gut aufeinander abgestimmt sein. Beachten Sie Ihr Körpergewicht, wenn Sie eine Matratze auswählen. Unsere Bandscheiben zwischen den Wir-

belkörpern bekommen auf zu harten Matratzen zu wenig Nährstoffe. Empfehlenswert sind Körperstützsysteme mit unterschiedlichen Härtezonen in den einzelnen Körperbereichen. Die Matratze sollte dort nachgeben, wo unsere Schultern und das Becken liegen. Naturlatex eignet sich auch für Allergiker. Die Bettgestelle sollten unten offen sein, damit die Matratze immer gut belüftet ist.

- Spiegel, Wasseradern oder andere Störeinflüsse können Schlafprobleme verursachen. Falls Sie Ihren Bettplatz untersuchen lassen möchten, wenden Sie sich an einen erfahrenen, gut ausgebildeten Experten (so genannte Radiästheten).

- Sie haben alles gecheckt und schlafen dennoch schlecht? Kontrollieren Sie Ihre Schlafrichtung. Die *Kua-Zahl* aus der Harmonielehre Feng Shui gibt Auskunft über die für jeden Menschen individuell förderlichen Himmelsrichtungen. Sie ermitteln Ihre energiereichsten vier Himmelsrichtungen unter www.business-energy.de. Dazu geben Sie in den Kua-Rechner Ihr Geburtsdatum ein. Wenn Sie schon das Bett nicht umstellen können, dann sollten Sie Ihre starken Richtungen so oft wie möglich unter Tag nutzen: am Besprechungs- oder Arbeitstisch, im Wohnzimmer und so weiter. Sie laden so Ihre Batterie immer wieder neu auf und gehen vollgefüllt mit positiven Energien ins Bett.

11. Gönnen Sie sich regelmäßige Auszeiten

Jeder Mensch braucht regelmäßige und rechtzeitige Pausen, um sich zu erholen und gesund zu bleiben. Nehmen Sie sich daher lieber zwei bis drei Wochen Urlaub auf einmal als viele Kurzurlaube übers Jahr verteilt. Gönnen Sie sich Auszeiten, auch wenn Sie noch nicht ausgebrannt oder krank sind! Mit Kurzurlauben allein laden wir unsere Batterien nicht so auf, wie es nötig wäre. Ist unser Rhythmus einmal spürbar gestört durch Arbeit, Stress oder Probleme, hilft nur eines: raus aus dem gewohnten Umfeld! Ein Ortswechsel tut besonders gut. Erholen Sie sich an einem Ort, an dem Sie sich ausruhen und auch einmal nichts tun können. Laden Sie Ihre Kräfte mit Energiemethoden neu auf: Dazu zählen beispielsweise Yoga, Autogenes Training, Tai Chi, Qi Gong und ähnliche Techniken. Sie können mit diesen praxiserprobten Tools einigermaßen rasch zu Ihrer Mitte finden. Gute Energie-Tankstellen sind auch künstlerische Betätigungen: zum Beispiel Theaterspielen, Mal-, Musik- und Tanztherapien. Halten Sie sich so oft wie möglich in der freien Natur auf. In der Stadt gilt ein Park auch, versuchen Sie aber, öfter rauszufahren.

12. Lernen Sie Entspannungstechniken

Jeder Mensch sollte zumindest eine rasch wirksame Entspannungstechnik kennen. Die folgende *Ein-Minuten-Meditation* hilft Ihnen, sich zentrierter zu fühlen. Sie passt zu jeder Tages- und Nachtzeit. Nützen Sie ihre Kraft vor allem dann, wenn Sie nicht mehr wissen, wo Ihnen der Kopf steht. So geht das:

Setzen Sie sich bequem hin. Berühren Sie mit beiden Beinen den Boden. Bleiben Sie still, bewegen Sie sich möglichst nicht. Lassen Sie Ihre Gedanken vorbeiziehen. Versuchen Sie nicht, etwas zu kontrollieren. Schließen Sie nichts aus, was kommt. Geben Sie sich dafür eine Minute Zeit. Stellen Sie sich anschließend die Frage: Was geschah während dieser 60 Sekunden in Ihrem Bewusstsein? Wie viele Gedanken kamen? Woher kamen sie? Was hatten sie zum Inhalt? Wie oft haben Sie das Thema gewechselt? Waren Sie sich Ihrer Gedanken bewusst? Haben Sie Ihre Gedanken ständig im Hinterkopf kommentiert? Wie wäre es gewesen *ohne* Gedanken? Das reicht. Allein, dass Sie sich eine Minute Stille gönnen und sich auf Ihre Innenwelt konzentrieren, wirkt entspannend und beruhigend.

13. Lernen Sie aus dem Spiegel

Ein eifersüchtiger oder neidischer Mensch versucht unbewusst, seine Emotionen auch bei anderen auszulösen. Jedes Mal, wenn Sie durch andere Menschen mit Neid, Eifersucht, Zorn, Aggression, Hass, Misstrauen oder Missgunst konfrontiert werden, wissen Sie: Wahrscheinlich schwingt auch in Ihnen ein Anteil dieses Themas mit und wird sich gleich angesprochen fühlen. Mit anderen Worten: Hier treffen sich zwei Menschen, die mit dem gleichen Problem kämpfen.

Steigen Sie ja nicht darauf ein. Halten Sie sich raus und suchen Sie die nächste Gelegenheit, um beispielsweise die Eifersucht oder das Misstrauen mit EFT zu bearbeiten und die zugrunde liegenden Energien endlich zu befreien (siehe Seite 130). Selbst wenn Sie vorerst nur eine Linderung erreichen – möglicherweise ist dies der erste Schritt, um sich von diesem Thema endgültig zu verabschieden.

14. Festigen Sie Ihre persönlichen Grenzen

Denken Sie immer daran: Sie haben ein Recht auf Ihre Persönlichkeit, Ihre eigene Meinung – und auf Ihre eigene Energie. Die folgende Übung wird Ihnen helfen, Ihre Grenze anderen gegenüber exakt zu definieren. So werden Sie sich auch in schwierigen Situationen zentriert und stark fühlen. Machen Sie die Übung regelmäßig. Andere Menschen werden Ihre Energie immer weniger absaugen können. Mit ein wenig Routine lässt sich die Übung rasch (in wenigen Sekunden) durchführen. Das kann überall stattfinden – im Bus, im Büro, sogar neben anderen Menschen. So geht das:

Suchen Sie sich zum Üben einen ungestörten Sitzplatz. Atmen Sie bewusst ein und aus. Stellen Sie sich vor, wie Sie eine durchgehende Kontur aus strahlendem Licht um Ihren Körper ziehen. Der ideale Abstand vom Körper ist ca. 5 Zentimeter. Beginnen Sie auf der rechten Kopfseite. Wandern Sie weiter über Hals, Schulter, Arm, Finger (alle Finger einzeln) den ganzen Körper hinunter bis zu den Zehen. Von dort malen Sie die Kontur innen an den Beinen hoch bis zum Schritt, am anderen Bein hinunter und die zweite Körperhälfte wieder hinauf, bis die Linie endgültig geschlossen ist.

Sollten Sie ins Stocken geraten oder irgendwo ein Loch spüren, beginnen Sie noch einmal von vorne.

Bleiben Sie noch einen Augenblick sitzen. Spüren Sie die Linie nun wie die Außenseite eines Gefäßes, das von Ihrer Lebensenergie durchströmt und belebt ist. Hier darf nur herein, was Sie selbst hereinlassen möchten. Genießen Sie diese Gewissheit. Ziehen Sie die Lichtlinie noch einmal mit dem imaginären Stift nach. Sie ist jetzt stark und beständig. Sie steht immer zu Ihrer Verfügung. Aktivieren Sie Ihre Grenze täglich neu.

15. Überprüfen Sie Ihren Energy-Status

Überprüfen Sie Ihren Energy-Status möglichst oft mit dem Muskeltest (siehe Seite 52) – zumindest einmal im Monat. Verwenden Sie dazu den Energie-Profil-Test von Seite 47. Versuchen Sie nicht, alle Probleme und Anliegen gleichzeitig zu bewältigen. Konzentrieren Sie sich lieber auf einen Bereich (oder höchstens zwei). Lösen Sie mit der Methode des EFT zuerst die alten Hemmnisse auf. Planen Sie dann die nächsten Schritte und Maßnahmen und machen Sie sich entspannt an die Umsetzung. Entstört geht es allemal leichter.

Äußere Hilfsmittel für mehr Energie

Für jeden Beruf und jedes Hobby braucht man bestimmte Werkzeuge und Hilfsmittel. Bestimmt haben Sie sich schon gefragt, mit welchen Hilfsmitteln Sie Ihren Alltag noch besser mit Energie versorgen. Ich möchte Ihnen hier einige Tools vorstellen, die ich selbst erfolgreich verwende. Sie gehören meiner Meinung nach in die Werkzeugkiste jedes erfolgreichen Business-Energy-Anwenders.

Messen Sie Ihren Energy-Status mit dem Egely-Wheel

Das *Egely-Wheel* ist ein spielerisches Messgerät für die Lebensenergie von Menschen. Der Ungar Dr. György Egely hat dieses handliche Gerät erfunden. Es funktioniert wunderbar einfach, und man kann es überallhin mitnehmen.

So funktioniert das Egely-Wheel: Man hält zwei oder drei Finger nahe an das Messrad. Dieses reagiert auf die Energie-Abstrahlung der Fingerspitzen: Das Rad beginnt sich zu drehen und beschleunigt bis zu einer bestimmten Drehzahl. Dabei gilt: Je schneller sich das Rad dreht, desto mehr Energie hat der Mensch, je langsamer, desto weniger. Eine Leuchtanzeige vergleicht Ihr Ergebnis mit dem Durchschnitt der Bevölkerung. Man hat also immer einen guten Vergleich.

Machen Sie sich zuerst alleine mit dem Gerät vertraut. Sie werden rasch lernen, wie Sie durch Ihre Willenskraft, kraft Ihrer Konzentration oder in entspanntem Zustand die Drehgeschwindigkeit des Rades verändern. Lassen Sie sich überraschen – das Ganze ist sehr beeindruckend!

Sie erfahren mit diesem Gerät, was Ihnen gut tut und was Ihre Energien eher blockiert. Ich verwende das Egely-Wheel gerne ergänzend zum Delta-Muskeltest. Sie können damit auch Ihre Leistungszeiten und Ihre Schwächezeiten herausfinden und so Ihre Tagesplanung besser durchführen. Untersuchen Sie auch den Einfluss von Sport, Vitaminpräparaten, Nahrungsmitteln, Stress, Entspannungs- oder Atemübungen, Schlaf, Therapieformen usw.: Was hebt Ihren Energie-Pegel? Was senkt ihn? Auch die Wirkung bestimmter Räume, Menschen, Orte oder Gegenstände auf Ihre Energie und Ihr Wohlbefinden kann mit dem Egely-Wheel gut überprüft werden.

Gleichen Sie Gehirnströme mit dem Neurophone aus
Neueste Hirnforschungen zeigen: Schlaf wirkt sich entscheidend auf den Lernerfolg eines Menschen aus. Lernen wir den ganzen Tag und werden dann am Schlafen gehindert, verpufft der Lernerfolg. Ausgeschlafene Menschen dagegen wissen am nächsten Morgen sogar mehr als am Abend zuvor. Auch Manager brauchen daher genügend Schlaf!

Neben Schlaf können bestimmte Entspannungsmethoden,

spontane Trancezustände (z. B. Tagträume) und Meditation die Gehirntätigkeit aktivieren und harmonisieren. Ein schlecht synchronisiertes und damit blockiertes Gehirn ist heutzutage der Normalzustand bei den meisten Menschen. Der Grund dafür ist unser zunehmend unrhythmisches Leben (Seite 152). Die Kommunikation zwischen den Gehirnhälften bricht unter Stress restlos zusammen.

Meditation im Büro setzt sich in den USA immer mehr durch. Ich empfehle auch den europäischen Unternehmen, Entspannungs- und Energieräume zu schaffen. Vom Alltagstrubel abgeschirmte Rückzugsräume werden möglicherweise die Kreativitätszentren der Zukunft sein. Zur Ausstattung gehören bequeme Sitz- und Liegemöbel, Kissen, gedämpftes Licht und sanfte Musik, harmonische Kunst und frische Blumen. In diesem Raum wird *nicht gesprochen.*

Die regelmäßige Entspannung zwischendurch fördert nach wissenschaftlichen Erkenntnissen die Leistungsfähigkeit. Solche Mitarbeiter sind in Summe ausgeglichener und arbeiten effizienter als jene, die den ganzen Tag vor dem Bildschirm sitzen.

Da Energieräume bei uns wahrscheinlich noch auf sich warten lassen, brauchen wir alternative Methoden, um unser Gehirn zu harmonisieren.

Ein besonderes Werkzeug ist das Neurophone des Amerikaners Patrick Flanagan. Er entdeckte als 14-Jähriger ein weiteres Hörorgan (neben dem Ohr). Das von ihm erfundene *Neurophone* codiert Klänge in Ultraschall und überträgt diesen über die Haut zu einer kleinen Drüse im Gehirn (dem Sacculum); dort erfolgt die Decodierung in Klang. Das Neurophone kommuniziert direkt mit dem Gehirn – ohne den Umweg über das Gehör.

So funktioniert das Neurophone: Sie setzen ein Stirnband mit zwei kleinen Rundelektroden auf. Ein kleines Kästchen (das Sie am Gürtel tragen oder auf den Tisch legen können) überträgt ein nahezu unhörbares Rauschen. Unser Gehirn nutzt die darin enthaltenen Frequenzen, um sich zu harmonisieren. Wenn Sie sich die Elektroden an die Stirn halten, klingt das Geräusch wie das ferne Rauschen eines Wasserfalls.

Das ist alles.

Sie können daneben normal weiterarbeiten, lesen, surfen, essen, Radio hören, fernsehen und so weiter. Während Sie etwas anderes tun, synchronisieren sich Ihre Gehirnhälften. Die Meridiane gleichen sich aus. Ihr Körper und Ihr Geist entspannen sich. Eine halbe Stunde täglich genügt, um sich wach zu fühlen. Das Neurophone unterstützt sogar beim Lernen: Man kann auch Lern-CDs unhörbar für das Ohr übertragen und somit beispielsweise das Sprachen Lernen unterstützen, während man andere Dinge erledigt. Ich selbst verwende das Neurophone regelmäßig. Ich genieße es, wie rasch und konzentriert ich zum Beispiel dieses Buch schreiben kann.

Trainings-Programme auf CD

Unser Gehirn kann sich an Frequenzen von außen anpassen. Es produziert dann verstärkt Gehirnwellen derselben Frequenz. Dieser Prozess ist als *Frequenz-Folge-Reaktion (FFR)* bekannt. Bestimmte Trainings-Programme auf CD nutzen diesen Vorgang und spielen ins linke und rechte Ohr Töne unterschiedlicher Frequenzen ein. Man braucht dazu einen Stereo-Kopfhörer. Nehmen Sie sich bewusst Zeit für diese Übungen. Das rhythmische An- und Abschwellen des Tones, die *Schwebung,* löst Gehirnwellen gleicher Frequenz aus. Das Gehirn erlernt so wieder, besser synchron zu arbeiten. Solche Trainingsprogramme gibt es für die unterschiedlichsten Bedürfnisse und Anwendungsbereiche. Sie kombinieren geführte Anleitungen mit Musik, Rauschen und bestimmten Frequenzen: Abhängig von der jeweiligen Mischung auf einer CD fühlen Sie sich zum Beispiel tief entspannt oder wach und aktiv. Das Wohlbefinden verbessert sich insgesamt, Sie können kreativer an

Ihre Probleme herangehen und finden erholsameren Schlaf. Diese Programme sind ideal für kreative Pausen oder einen ruhigen Tagesausklang.

Schalten Sie belastende Störzonen aus
Die Stadt Wien und der Wiener Krankenanstaltenverbund führten 2002 und 2003 eine Studie zu so genannten geopathogenen Störzonen durch («Der Einfluss von Geopathogenen Störzonen auf das autonome Nervensystem. Nachweis mittels EKG und Möglichkeiten zu deren Ausgleich.» Dezember 2003). Darin folgte der Beweis: Solche Anomalien im elektromagnetischen Feld der Erde (wie etwa Wasseradern) haben einen messbaren Einfluss auf Menschen. Die Studie kam zu dem Schluss: «Die gemessenen Reaktionen machen es wahrscheinlich, dass es im Falle des Menschen bei längerer Exposition (Arbeitsplatz, Schlafplatz und Krankenbett) zu einer andauernden Belastung des Organismus kommt, die ursächlich für Erkrankungen sein kann. Gleichzeitig konnte erstmals mit wissenschaftlichen Methoden nachgewiesen werden, dass wirksame Ausgleichsmaßnahmen möglich sind, die in der Prävention gesundheitlicher Schäden wesentlich sein können.»

Das Ergebnis dieser Studie deckt sich exakt mit meinen eigenen Erfahrungen: Störzonen verursachen Stress in unserem Organismus. EKG-Messungen weisen dies objektiv nach. Die Herzfrequenz ist unter dem Einfluss von Störzonen verändert.

Ein Mittel, dies auszugleichen, ist eine speziell geformte *Welle* aus Aluminium, die an der Decke befestigt wird. Sie verringert die negativen Auswirkungen der Störenergien auf den menschlichen Organismus ganz signifikant, offensichtlich durch Interferenz. Da es in jedem Objekt solche Störzonen gibt, die Körper und Gehirn durcheinander bringen, sollten wir Arbeitsplätze und Wohnungen von solchen Einflüssen befreien. Ich selbst stelle zu diesem Zweck so genannte *Geopat-Dosen* innen in den Außenecken des Wohn- und Bürogrundrisses auf. Sie bauen ein Feld auf, das das menschliche Immunsystem so stark aktiviert, dass man gegen den Einfluss der Störenergien gewissermaßen immun wird. Für den Körper ist es so, als wäre kein Störeinfluss vorhanden.

Schlaf-, Lern-, Sitz- und Arbeitsplätze werden somit zu Zonen der Erholung und der Regeneration. So können wir uns zumindest in den eigenen vier Wänden und am Arbeitsplatz frei von Umweltstress entfalten.

Schöne Musik bringt Energie

Der US-amerikanische Wissenschaftler John Diamond, einer der Pioniere der Kinesiologie, stellte in vielen Tests fest: Die Thymusdrüse arbeitet bei 95% der Bevölkerung zu wenig; diese Menschen haben eine schwache Lebensenergie (Seite 40). Die Thymusaktivität steigt aber sofort an, wenn wir Musik hören. John Diamond: «Grundsätzlich besteht die therapeutische Wirkung der Musik darin, dass sie die Lebensenergie stärkt, die Wirkung von Stress und schädlichen Reizen abschwächt und die inneren Heilkräfte fördert» (aus: John Diamond, «Lebensenergie in der Musik»). Diamond zufolge kann man jede energetische Unausgewogenheit mit Musik ausgleichen. Vermutlich hat man Menschen früher in fast allen Kulturen mit Musik behandelt, beispielsweise in den griechischen Heiltempeln des Äskulap. Ich möchte Ihnen das Phänomen Klang besser verdeutlichen:

- Alle Töne beeinflussen unsere Lebensenergie.
- Stressfreie, natürliche Klänge (Blätterrascheln, Bachplätschern, Vogelgezwitscher) stärken uns immer.
- Lärm, ob laut oder leise, schwächt unsere Lebensenergie. Auch regelmäßige Geräusche wie das Ticken einer Uhr sind unnatürlich. Sie erzeugen Stress und schwächen uns.
- Fast jede Musik hat das Potenzial, Stress zu reduzieren und die Lebensenergie zu stärken (ausgenommen einige moderne Musikrichtungen). Bei «guter» Musik entscheidet aber letztlich die Lebensenergie des Musikers (und des Komponisten) über die

Wirkung. Schwache Urheber erzeugen schwache Musik – wie laut oder kraftvoll sie auch scheint. Der Muskeltest gibt Ihnen Auskunft. Dasselbe Musikstück kann aus diesem Grund sehr unterschiedlich wirken, je nach Dirigent und Orchester.

- Elektronische Klänge wirken weder stärkend noch schwächend – sie sind neutral.
- Jeder Meridian des Akupunktursystems reagiert auf bestimmte Frequenzen und auf ein bestimmtes Tempo der Musik. Da jeder Meridian auch mit bestimmten Gefühlslagen (wie Wut oder Freude) in Verbindung steht, wirkt sich jeder Klang unterschiedlich auf unsere Gefühle aus.
- Bei vielen Menschen dominiert unter Stress die linke Gehirnhälfte. Musik hingegen ist primär der rechten Hemisphäre zugeordnet. Die passenden Klänge können hier für Ausgleich sorgen. Es reicht sogar, an Musik zu *denken*.
- Musik entspannt. Sie macht ausdrucksfähiger und *kreativer*.
- Menschen mit starker Thymusenergie haben eine *therapeutische* Stimme. So wie starke Dirigenten ihr Orchester aufbauen (was wiederum einen heilsamen, harmonisierenden Klang ergibt), beeinflussen auch Unternehmer und Unternehmerinnen, Teamleiter oder Leiterinnen oder Vortragende ihr Umfeld mit ihrer Stimme. Nur die wenigsten bauen uns auf. Die meisten Menschen erzeugen Stress – in sich selbst und bei den anderen rundum. Aktivieren Sie also vorsorglich immer wieder Ihre Thymusenergie!
- Kaufen Sie nur Musik, die Sie sich vorher angehört haben. Keine noch so begeisterte Rezension anderer Hörer sagt Ihnen, ob Ihnen die Platte beim Anhören gut tun wird. Achten Sie auf Ihr Bauchgefühl oder befragen Sie den Deltamuskel. (Mehr zum Muskeltest gibt es auf Seite 52).
- Legen Sie sich ein Archiv an mit Musik für alle Lebenslagen. Sie haben so immer die Musik mit genau der passenden Energie zu Hause, die Ihnen gut tut.

- Trennen Sie sich von Musik, die Sie stresst, traurig oder aggressiv macht.
- Schenken Sie ausgewählte Musik: Sie schenken damit Lebensenergie.

Verbessern Sie die Luft-Ionisation

Haben Sie schon beobachtet, wie angenehm erfrischt Sie sich in der Nähe eines Wasserfalls fühlen? Diese Vitalität hängt mit den so genannten Minus-Sauerstoff-Ionen zusammen. Diese Ionen kommen nirgendwo in so großen Mengen vor wie in bewegtem Wasser, sei es ein Wasserfall oder die Brandung des Meeres. Ist es ein Wunder, dass es so viele Menschen zur Urlaubszeit ans Wasser zieht?

Unsere Wohn- und Arbeitsräume dagegen sind voll von elektrischem Strom, technischen Geräten und künstlichen Materialien. So gut wie alle Räume haben eine erschreckend niedrige Lebensenergie. In verbrauchter Luft befinden sich zu viele Plus-Ionen. Computer, Bildschirme, Kopierer, Drucker und andere Elektrogeräte fressen regelrecht die für ein vitales und gesundes Leben notwendigen Minus-Ionen aus den Räumen. Auch Zigarettenrauch frisst Energie. Alles zusammen macht uns müde, träge, einfallslos und krank. Reagieren Sie daher rasch und rechtzeitig: Tun Sie etwas für die Luft, die Sie atmen! Schaffen Sie sich Räume voll Vitalität, wenn Sie sich schon stundenlang darin aufhalten. Sorgen Sie außerdem regelmäßig für frische Luft, indem Sie das Fenster aufmachen. Stellen Sie gesunde und große Pflanzen in die Räume. Sie können auch einen Zimmerbrunnen plätschern lassen, wenn Sie möchten.

In allen wichtigen Arbeitsräumen (und auch in der Wohnung) helfen Sie am besten mit handlichen Sauerstoff-Ionisatoren nach. Diese Luftverbesserer sorgen für einen erfrischenden Wasserfall-Effekt. Diese Geräte funktionieren so: Sie reinigen die Luft von unangenehmen Gerüchen und führen der Luft gleichzeitig negative Sauerstoff-Ionen zu. Sie fühlen sich in der mit negativen Sauerstoff-Ionen angereicherten Luft sicher schnell vitaler.

Beleben Sie die Räume mit Vollspektrum-Tageslicht

Wir Menschen in der westlichen Welt verbringen heute mehr als 90 Prozent unserer Zeit in geschlossenen Räumen. Kunstlicht spielt daher eine wichtige Rolle. Die meisten künstlichen Lichtquellen schaden aber unserer Gesundheit und Energie. Lampen sollten so natürlich wie möglich leuchten. *Vollspektrum-Tageslicht* erfüllt diese Anforderung fast so perfekt wie Sonnenlicht.

Die Ursache vieler Erkrankungen ist Lichtmangel oder Licht schlechter Qualität. Die Erklärung dafür ist recht einfach: Unser Körper baut Hormone, Vitamine und viele weitere Substanzen mit Hilfe von Sonnenenergie auf. Er scheitert an dieser Aufgabe, wenn die eine oder andere Wellenlänge fehlt. Bestimmte «Bausteine» fehlen uns dann im Körper.

UV-Licht in geringer Dosis ist lebensnotwendig. Es stimuliert und harmonisiert unseren Energiehaushalt ebenso wie Stoffwechsel, Blutdruck und Drüsenfunktionen. UV-Licht ist die Voraussetzung für einen gesunden Knochenbau, weil der Körper Vitamin D nur unter UV-Licht aufbauen kann. Nahezu alle Kunstlichtquellen enthalten kein UV-Licht. Fensterglas filtert den UV-Anteil des Tageslichts ebenfalls aus.

Unser Körper braucht vollspektrales Licht in allen Wellenlängen sowie etwas UV-A-Licht, sehr wenig UV-B und winzige Spuren des UV-C-Lichts (das in großen Mengen schädlich wirkt). Unser Körper kann mithilfe einer niedrigen UV-A-Dosis Schäden an den Pigment-Epitelzellen der Augen selbst reparieren. Wer bei normalem Tageslicht Sonnenbrillen trägt, schädigt demnach seine Augen (statt sie zu schützen).

Das Licht normaler Glühbirnen gilt als einigermaßen verträglich für den Körper. Es fehlt ihm nur der UV-Anteil. Die so genannten *warm-weißen* Leuchtstofflampen schaden ungleich stärker. Unser Körper schüttet unter dem Licht der in Wirklichkeit rosa getönten Neonröhren ständig Adrenalin aus. Neonröhren erzeugen somit Dauerstress. Das schadet nachweislich der Lern- und

Konzentrationsfähigkeit und erschöpft die Menschen. Neonröhren schädigen somit auf Dauer das Immunsystem.

Licht spielt auch bei der Entwicklung von Kindern und Jugendlichen eine entscheidende Rolle: Es beeinflusst Knochenbau und Zähne. Versuche an Schulen haben auch gezeigt: Vollspektrumbeleuchtung wirkt positiv auf die Konzentration der Schüler und Schülerinnen, auf ihre Lernbereitschaft und ihr Aktivitätsverhalten. Gezappel und Streitereien verschwanden, nachdem die warm-weißen Neonröhren durch Vollspektrumlampen ersetzt wurden. Die Schulnoten verbesserten sich signifikant.

Viele Menschen haben aus gesundheitlichen Gründen nicht die Möglichkeit, Tageslicht mit UV-Anteil aufzunehmen. Vollspektrumlicht kann daher die Lebensqualität in Pflegeheimen oder Krankenhäusern entscheidend verbessern. Es fördert auch Genesungsprozesse.

Falsches Licht am Arbeitsplatz beeinträchtigt stark: Wir sehen unter Umständen schlechter, fühlen uns nicht wohl, sind weniger leistungsfähig und unkonzentrierter. Viele Beschwerden wie Kopfschmerzen, Augenbrennen, Nervosität, Müdigkeit, Druck auf den Augen, Energielosigkeit oder Depressionen können mit schlechtem Licht zu tun haben.

Ein weiterer Grund dafür ist das oft beklagte 50-Hertz-Flimmern bei herkömmlichen Leuchtstoffröhren. Hier hilft die Umstellung auf Vollspektrumröhren, möglichst kombiniert mit Gleichstrom-Vorschaltgeräten (ESG). Sie sehen, gutes Licht ist nicht nur eine Frage der Lichtmenge, sondern besonders der *Lichtqualität*.

Trinken Sie energiereiches Wasser

Unser Organismus besteht, je nach Lebensalter, zu 50 bis 90 Prozent aus Wasser. Wasser ist an allen Stoffwechselfunktionen in unserem Körper beteiligt. Ohne Wasser gibt es kein Leben. Energetisch hochwertiges Wasser entscheidet über unser Wohlbefinden und unsere Gesundheit.

Reines Quellwasser ist sehr zu empfehlen. Es wird auf seinem Weg durch die Gesteinsschichten gereinigt und mit vitalisierenden Mineralien belebt. Wasser hat sozusagen ein Gedächtnis, im Positiven wie im Negativen. Es nimmt, physikalisch betrachtet, Schwingungsinformationen auf und speichert sie in seiner Molekularstruktur.

Leider gilt das auch für Schadstoffe und Umweltgifte aus Landwirtschaft und Industrie, Bakterien, Schwermetalle und vieles mehr. All dies hinterlässt deutliche Spuren im Trinkwasser. Aufwändige Filterungen, chemische Behandlungen und Bestrahlungen ändern den destruktiven Informationsgehalt des Wassers leider nicht.

Wasser wird durch hohen Druck und kilometerlangen Transport in Rohrleitungen schal, es verarmt energetisch. Viele Wasserleitungsrohre ziehen außerdem Elektrosmog an. Dazu kommen noch unsaubere Elektro-Installationen (Kriechströme), die Erdung von Elektrogeräten über die Wasserleitung oder parallel verlegte Strom- und Wasserleitungen. Alles zusammen schadet dem Leitungswasser energetisch.

Viele Menschen wählen heute Flaschen- und Mineralwasser als Alternative. Auch diese Flüssigkeiten belasten uns womöglich mehr, als sie heilen können. Die Gründe dafür: Sie werden häufig stark behandelt. Der menschliche Körper kann die enthaltenen Mineralien der Mineralwässer in dieser Form gar nicht richtig verarbeiten. Sie lagern sich teilweise im Körper an.

Wir suchen also eine Alternative, um Wasserqualität selbst auf energetisch-informeller Ebene zu verbessern. Eine Möglichkeit ist das neu entwickelte *Vital-Drink-Gerät* des Ganzheitsmediziners Dr. Christian Steiner. Wasser, das mit diesem System vitalisiert wird, regt das Energiesystem und den Stoffwechsel an. Es entgiftet und stärkt das Immunsystem. Man kann damit Getränke aller Art energetisieren, auch alle Lebensmittel mit einem Wasseranteil. Man stellt das Getränk oder Nahrungsmittel auf das Gerät und wählt eines von fünf Energie-Programmen: Quellwasser, Konzentration, Aktivität, Entspannung, guter Schlaf. Nach 15 Sekunden ist das Gerät fertig: E-Smog- und Schadstoff-Informationen im Trinkwasser sind nun neutralisiert und durch positive, natürliche Schwingungen und Vitalinformationen ersetzt.

Sind unsere technischen Helferlein rein positiv?

Wir stopfen unsere Wohn- und Arbeitsplätze heute gern voll mit Technik. Das Leben erscheint uns nicht vorstellbar ohne Computer, Mobiltelefon und Co. Gesellschaft und Werbung gaukeln uns vor: Wer heute kein Handy hat und nicht rund um die Uhr erreichbar ist oder nicht sofort auf E-Mails antwortet, gilt als altmodisch.

Dabei gäbe es gute Gründe, den Fortschritt skeptischer zu betrachten. Ich verweigere mich der Technik selbst natürlich auch nicht – schließlich bin ich Ingenieur. Wir sollten jedoch bewusster mit den Gefahren der Funk- und Mikrowellen-Technologie und der Elektrizität im Generellen umgehen.

Das Problem ist Folgendes: Unser menschlicher Körper besitzt ein eigenes Magnetfeld. Ebenso weist jedes einzelne Organ seinen spezifischen Magnetismus auf. Sogar unsere DNS (das Erbmolekül) in jeder Körperzelle wirkt wie eine elektromagnetische Antenne.

Alle diese Kraftfelder und Antennen unseres Körpers stehen in Wechselwirkung mit jedem äußeren Elektromagnetismus – sei er natürlich oder technisch erzeugt. Genau das ist das Problem: Jeder Mensch reagiert selbst auf die feinsten Impulse von außen. Wir müssen dabei bedenken: Unser inneres Steuerungssystem hat sich über Hunderttausende von Jahren in einem ausschließlich natürlichen Umfeld entwickelt. Es wird wohl noch eine Weile brauchen, bis es die heute gebräuchlichen, für die Verhältnisse des Körpers extrem starken, äußeren technischen Einflüsse als fremd erkennen wird. Entsprechend lang wird es dauern, bis sich unser Körper irgendwann selbst davor schützen können wird. Bis es so weit ist, müssen wir wohl selbst auf uns schauen.

Der Körper nimmt alle Schwingungen wahr

Unsere Erde schwingt in ihrer eigenen Frequenz. Diese Schumann-Erdresonanzfrequenz beträgt 7,83 Hertz. Man spricht bereits davon, dass sie sich durch bestimmte Prozesse auf rund 8 Hertz erhöht hat. Darüber gibt es weitere Schumann-Frequenzen mit zirka 14 Hertz, 21 Hertz usw.

Unser Gehirn produziert die gleichen Frequenzen. Wir Menschen sind also mit der Erde «auf einer Wellenlänge». Die Menschen haben sich offenbar im Lauf der Entwicklung mit ihrer Umgebung synchronisiert. Diese Gehirnaktivitäten des Theta- und Beta-Spektrums sind im EEG messbar. Allein die normalen Schwankungen der Schumann-Frequenzen, zum Beispiel durch Gewitter, beeinflussen so manchen Menschen: Man fühlt sich reizbarer als sonst, schläft schlechter oder kann sich kaum konzentrieren.

Wenn uns schon diese normalen energetischen Veränderungen des Umfeldes (an die wir uns im Laufe der Menschheitsentwicklung längst hätten gewöhnen können) zu schaffen machen, wie viel schlimmer wirken dann die neuen, hausgemachten Belastungen? Wir hören oft beruhigend: Ein Mobiltelefon sendet ja nur mit maximal 2 Watt. Aber: Diese 2 Watt sind immer noch ein *Zehntausendfaches* dessen, woran unser menschlicher Körper (oder auch der tierische Organismus) gewöhnt ist. Noch dazu halten wir das Gerät beim Telefonieren bei voller Sendeleistung direkt an den Kopf. Vieltelefonierer sollten daher beachten, dass diese Geräte die schwächeren Körpersignale durcheinander bringen, auch wenn man es gar nicht merkt. Unser Körper kompensiert das Ganze ohnehin recht lange, doch er befindet sich in einem dauerhaften Alarmzustand. Wie gut er das schafft, hängt vom Alter des Menschen und von seinem persönlichen Allgemeinzustand ab. Über kurz oder lang werden sich jedoch Anfälligkeiten, Wehwehchen, überraschende Erkrankungen, Reizbarkeit, Probleme mit der Konzentration und andere negativen Überraschungen immer öfter einstellen. Leider finden die meisten Menschen geschwind immer wieder neue «Erklärungen», um diese unangenehmen Vorkommnisse zu rechtfertigen – nur an die tatsächlichen Ursachen, nämlich die ununterbrochene (Selbst-) Verstrahlung, denken die wenigsten Menschen. Dabei wusste schon Carl Friedrich von Weizsäcker: «Wir sind nicht gebaut für die Umwelt, in der wir leben.»

So gehen Sie vernünftig mit Handy und Co. um

- Halten Sie Handy-Telefonate so kurz wie möglich.
- Schalten Sie das Gerät so oft wie möglich aus.
- Wählen Sie ein möglichst strahlungsarmes Gerät beim nächsten Neukauf.
- Tragen Sie das Handy nicht nahe am Körper (wie zum Beispiel in der Brusttasche oder der Hosentasche). Handystrahlen beeinflussen laut einer aktuellen Studie die Spermienqualität und machen unfruchtbar (Studie von John Aitken, Universität Newcastle im australischen New South Wales. Veröffentlicht im Wissenschaftsmagazin «New Scientist», 2005).
- Legen Sie das eingeschaltete Handy in zwei oder drei Meter Abstand. Stehen Sie lieber auf, wenn es läutet.
- Kinder reagieren noch empfindlicher auf Handy-Strahlen. Sie sollten gar nicht mobil telefonieren.
- Verwenden Sie das Mobiltelefon möglichst nicht in geschlossenen Räumen, Autos oder Zügen. Der Hintergrund dafür: Der Empfang ist schlecht, das Handy fährt automatisch seine Sendeleistung hoch und strahlt noch stärker. Suchen Sie zumindest einen Ort mit besserem Empfang, etwa am Fenster.
- Halten Sie das Handy erst zum Ohr, sobald die Verbindung aufgebaut ist. Die Strahlung ist dann geringer. Halten Sie es während des Telefonierens nicht direkt an den Kopf.
- Ein schnurloses DECT-Telefon (digital) gibt rund um die Uhr gepulste Hochfrequenz ab, auch wenn niemand telefoniert. DECT-Basisgeräte gehören nicht in Ihr Schlafzimmer. Verwen-

den Sie ein analoges Schnurlostelefon oder noch besser ein traditionelles Festnetztelefon.

- Halten Sie sich viel in der energiereichen, freien Natur auf. Schalten Sie Ihr Mobiltelefon dabei am besten aus.
- Schalten Sie das Handy aus, wenn Sie es als Wecker benutzen möchten. Sonst verstrahlt es Ihren Schlafplatz.

Energie durch Design

Beobachten Sie einmal: Wie entwickelt sich ein Meeting an einem runden Tisch? Und was passiert bei Gesprächen am großen, rechteckigen Tisch? Auch wenn Thema, Teilnehmer und Raum gleich bleiben – der Gesprächsverlauf, das zwischenmenschliche Klima und möglicherweise das Ergebnis unterscheiden sich. Am runden Tisch tauscht man sich entspannter, kreativer und informeller aus. Am eckigen Tisch dagegen stehen Logik und Fakten im Vordergrund. Das Ambiente kann also ein erfolgreiches und effizientes Arbeiten stark beeinflussen. Management-Guru Tom Peters bringt es auf den Punkt: «Alles ist Design.» (Siehe dazu sein neues Buch – Buchtipps finden Sie im Anhang.)

Allerdings: Missverstehen Sie Design bitte nicht als ultracoole Einrichtungsgestaltung. Gutes Design entsteht, wenn die Planenden von den Menschen und ihren Bedürfnissen ausgehen. Dabei müssen Funktion und Ästhetik eine gute Symbiose eingehen. Selbstverständlich darf Design die anderen beeindrucken, das sollte aber nie zum Selbstzweck werden. Schaffen Sie lieber ein Umfeld, das inspiriert, gut tut und die Kommunikation zwischen den Menschen unterstützt. Gutes Design macht die Menschen ausgeglichener, kreativer und aufgeschlossener.

Ich habe mich in meinen bisherigen Büchern (Literaturtipps Seite 191) intensiv mit diesem Thema beschäftigt. Die von mir für die westliche Welt weiterentwickelte Feng-Shui-Lehre strebt eine inspirierende Harmonie zwischen Mensch und Umfeld an.

Sie finden auf den folgenden Seiten einen Überblick über die vielfältigen Möglichkeiten, wie man Energie gewinnen kann, wenn man das Umfeld richtig gestaltet. Lassen Sie sich zu gutem Design anregen. So können Sie Ihre Arbeits- und Wohnräume bestmöglich nützen und genießen!

Es gibt keine 2. Chance für den ersten Eindruck

Wir kennen die Macht des ersten Augenblickes aus dem täglichen Leben. Dieser in wenigen Sekunden entstehende erste Eindruck überlagert alle zukünftigen Ereignisse. Wir begegnen daher Menschen mit gutem Auftreten und einer tollen Ausstrahlung von vornherein positiver.

Welchen Eindruck hinterlassen Sie in Ihrer Umwelt? Als Person? Durch Ihr Büro? Ihre Mitarbeiter? Durch Ihre Kommunikation? Was sagt Ihr Firmenlogo aus? Ihre Geschäftspost? Wie sieht der Eingang zu Ihrer Wohnung aus? Wie Ihr Firmenportal?

Nehmen Sie eine starke Position ein

Die Position des Schreibtisches spielt eine wichtige Rolle. Er sollte im Idealfall so stehen, dass Sie mit dem Rücken zur Wand sitzen. Sie sollten Tür und Fenster gut im Blickfeld haben. Steht Ihr Schreibtisch unmittelbar vor einer Wand? Damit haben Sie das sprichwörtliche Brett vor dem Kopf. So eine Sitzposition kann Sie geistig blockieren. Ihr Schreibtisch darf den Raum beherrschen, er kann ruhig auf die Tür ausgerichtet sein.

Aktive und passive Zonen

Unterteilen Sie Ihren Arbeitsplatz in eine aktive und in eine passive Zone. Die Hauptarbeitsfläche liegt unmittelbar vor Ihnen: Sie stellt die Aktivitätszone dar. Sie sollte immer frei und aufgeräumt sein. Räumen Sie spätestens bei Dienstschluss Ihren Arbeitsplatz ordentlich auf. So beginnen Sie den folgenden Arbeitstag in einem neutralen Umfeld. Beistelltische, niedere Schränke oder Regale geben gute Ablageflächen ab und bilden die Passivzonen.

Optimieren Sie Umfeld und Schreibtisch

Worauf blicken Sie, wenn Sie an Ihrem Schreibtisch sitzen? Auf eine kahle Wand, eine Raumecke, ein überquellendes Bücherregal, auf Gerümpel? Das Gegenüber Ihres Arbeitsplatzes steht symbolisch für Ihre Zukunft. Was vor Ihnen liegt, sollte erstrebenswert sein und Sie inspirieren. Ersetzen Sie Bilanzkurven oder Pinwände voll Krimskrams lieber durch etwas Schönes wie ein erfreuliches Foto oder Kunstwerk.

Vorsicht vor Balken, Dachschrägen, Kanten

Arbeiten Sie unter wuchtigen Balken oder Dachschrägen? Das kann Sie einengen und belasten. Die Kreativität leidet in einem solchen Ambiente – bleibt doch kein Platz, damit Ihre Ideen sprichwörtlich Flügel bekommen. Haben Sie beim Aufstehen das Gefühl, den Kopf einziehen zu müssen? Ein solcher Platz ist ungeeignet zum Arbeiten. Bücherregale gleich im Rücken oder gar über dem Kopf bedrücken, ebenso schwere Leuchten. Halten Sie zu diesen Gegenständen lieber etwas Abstand!

Bilder & Kunst

Ein Bild oder ein Kunstwerk sollte als inspirierender Ausgleich auch den kleinsten Arbeitsplatz bereichern. Jedes Kunstwerk transportiert die Schwingungen seines Motivs und die Ausstrahlung des Künstlers. Wählen Sie ein Kunstwerk immer im Einklang mit Ihrer inneren Wahrnehmung aus. Sie können seine Wirkung auch mit dem Muskeltest überprüfen.

Das Heimbüro

Im eigenen Heim zu arbeiten hat viele Vorteile. Es gibt aber auch den Nachteil, dass wir Arbeit und Freizeit oft nur schwer auseinander halten. Sie möchten nicht zum Workaholic werden? Dann sollte das Büro nicht der erste Blickfang sein, wenn Sie Ihr Zuhause betreten. Ideal ist ein vom Wohnteil völlig getrennter Arbeitsraum.

Können Sie Ihre Räume nur mehrfach nutzen, etwa als Wohn- und Arbeitsraum, dann trennen Sie die beiden Bereiche durch ein Regal, Pflanzen oder einen Raumteiler.

Farben

Ein neuer Wandanstrich, bunte Bilder oder ein Stuhlbezug in einer anderen Farbe: Farben verbessern die Energie in einem Raum rasch und mit einfachen Mitteln. Haben Sie Mut zu Farbe! In welchem Raum üben Sie welche Tätigkeiten aus? Richten Sie Ihre Zimmer dementsprechend farblich mehr in Yang-Tönen oder mit Yin-Akzenten ein. Rot, Orange und knallige Gelbtöne stimulieren die Yang-Energie, sie wirken aktiv und anregend. Grün, Blau, Beige, Grau oder Schwarz zählen zur ruhigeren Yin-Kategorie, sie wirken ausgleichend.

Kombinieren Sie in einem Büro Yin- und Yang-Töne. Sie können mit Maß und Ziel durchaus lebendiges Rot, Gelb oder Orange in die Ausstattung mischen. Ein Büro ganz in sachlichem Grau oder Anthrazit belastet eher: Die darin arbeitenden Menschen ziehen sich lieber zurück, die Einsatzbereitschaft sinkt, Ideen und Dynamik schlafen ein.

Analysieren Sie Ihre Räume mit dem Bagua-Raster

Die neun Lebensbereiche aus dem I Ging (Seite 43) lassen sich auch auf Räume übertragen. Finden Sie damit heraus, wo in Ihrem Büro oder Ihren Wohnräumen Verbesserungen möglich sind! Wo fehlt ein wichtiger Lebensbereich? Wo herrscht immer Unordnung? Das *Bagua-Raster* gibt Ihnen darüber Auskunft. Sie finden es in meinen Feng-Shui-Büchern (Buchtipps Seite 191) oder unter www.business-energy.de. Sie können dort auch eine Software zur Analyse beziehen.

Kraftplatz Wohnung

Was am Arbeitsplatz gilt, hat auch in der Wohnung seine Richtigkeit. Stellen Sie also Ihr Sofa an den starken Platz des Wohnzimmers. Das Bett ist richtig am Kraftplatz des Schlafzimmers. Der beste Platz für Menschen ist immer mit dem Rücken zu einer schützenden Wand: In dieser Position überblicken wir den Raum. Ein Balkon, eine Terrasse oder ein Garten bieten eine schöne Aussicht. Wenn dies nicht möglich ist, sollten Sie von Ihrem Kraftplatz zumindest auf ein schönes Bild, ein besonderes Möbelstück oder eine gesunde, nicht zu kleine Pflanze schauen. Achtung: Machen Sie nicht den Fernseher zum markanten Blickfang!

Entrümpeln ist wie Entschlacken

Ist ausreichend Platz für Neues, fließt die Lebensenergie frei (siehe auch Seite 97). Entrümpeln Sie daher regelmäßig! Achtung: Verwechseln Sie Entrümpeln nicht mit Umräumen. Wenn Sie die Gegenstände lediglich in andere Räume verlagern, beeinflussen Sie weiterhin Ihr Energiefeld. Gehen Sie Schritt für Schritt vor. Niemand kann den in Jahren angesammelten Ballast an einem Wochenende entfernen. Starten Sie mit Ihrem Schreibtisch oder einem Teil des Kleiderschranks. Wichtig ist, dass Sie beständig dranbleiben.

Beobachten Sie in Zukunft Ihre Räume aufmerksamer. Bevor Sie etwas wegräumen, fragen Sie sich lieber: Lohnt sich das Aufheben? Versuchen Sie, in Bücherregalen und Schränken immer ein wenig Platz frei zu lassen – genauso wie an den Wänden.

Resümee: Gestalten Sie Ihren Alltag aktiv

Ihre Wege zu mehr Energie im Überblick

Dieses Buch hat Ihnen gezeigt, welchen Einfluss fehlgeleitete Energien auf jeden Bereich unseres Lebens haben können. Sie wissen nun, welche Energieräuber Ihre berufliche und private Handlungsfähigkeit blockieren. Sie kennen wirkungsvolle Techniken für Ihr mentales, physisches und emotionales Gleichgewicht. Damit Ihnen diese Hilfsmittel und Methoden auch von Nutzen sein können, müssen Sie sie aber auch einsetzen. Überprüfen Sie im Folgenden, dass Sie die Techniken auch wirklich sicher anwenden können.

Hier finden Sie die vier wichtigsten Maßnahmen in Kurzform zusammengefasst:

1. Mit dem Muskeltest für sich und andere testen

Sie haben mit dem Muskeltest eine Biofeedback-Methode zur Hand, mit der Sie für sich selbst und für andere Menschen Informationen aus Gehirn und Zentralnervensystem abrufen können. Beim Testen erkennen Sie, ob ein Thema geistigen, körperlichen oder emotionalen Stress auslöst. Etwa 90 Prozent der in unserem Körper gespeicherten Informationen sind uns nicht bewusst. Genau auf dieses verborgene Wissen können Sie mit dem Muskeltest effizient und rasch zugreifen. Das liefert Antworten zu allen wichtigen Lebensbereichen. Zwei Methoden habe ich Ihnen vorgestellt: den Delta-Muskeltest und den O-Ring-Test.

Der Delta-Muskeltest (Seite 52) wird zu zweit durchgeführt. Sie testen dabei mit dem Delta-Muskel im Oberarm. Schalten Sie alle Störfaktoren wie Handy, Quarzuhr oder Neonlicht aus. Schaffen Sie eine angenehme Atmosphäre. Geben Sie der Testperson ein Glas Wasser. Bitten Sie die Testperson, die Thymusdrüse und anschließend den Heilenden Punkt zu aktivieren. Überprüfen Sie die Testfähigkeit des Probanden mit eindeutigen stark/schwach-Abfragen. Sollten die Antworten unklar sein, suchen Sie sich einen anderen

Platz, aktivieren Sie noch einmal Thymus und Heilenden Punkt, nehmen Sie einen Bissen zu sich und probieren Sie es noch einmal. Wenn gar nichts hilft (weil Sie zu erschöpft oder außer sich sind), machen Sie lieber am nächsten Tag weiter. Arbeiten Sie sich nun systematisch durch Ihr Fragenprogramm. Stellen Sie Fragen, die mit einem eindeutigen Ja (starker Muskel) oder Nein (Muskelschwäche) beantwortet werden können. Der Tester drückt den ausgestreckten Arm der Testperson mit moderatem Kraftaufwand nach unten. Die Testperson versucht, dem Druck standzuhalten.

Verwenden Sie den O-Ring-Test (Seite 62), wenn Sie allein Antworten auf Ihre Fragen bekommen möchten. Sie testen bei dieser Variante die Muskelstärke in Ihren Fingern. Absolvieren Sie die gleiche Vorbereitung, wie Sie es für den Delta-Muskeltest tun würden. Wenn Sie schon Ihre bevorzugte Fingerkombination wissen, legen Sie sofort los. Fallen die Unterschiede zwischen stark/schwach nicht klar genug aus, probieren Sie einen anderen Finger. Formen Sie mit zwei Fingern ein «O». Versuchen Sie, dieses mit Zeigefinger und Daumen der anderen Hand von innen auseinander zu drücken.

Sie können beide Tests auch für Freunde, Familienmitglieder, Mitarbeiter, Kollegen etc. durchführen. Eltern können als Stellvertreter für ihre Kinder ausgetestet werden. Es reicht, an die Tochter oder den Sohn zu denken, während Sie den Test durchführen.

2. Belastendes auflösen mit EFT

Unser Körper legt wichtige Ereignisse als Information entlang der Meridiane ab. Sie bleiben dort für immer gespeichert. Taucht im Alltag eine ähnliche Situation auf, werden diese Erinnerungen wieder wach. Automatisch beginnt dann (meist unbewusst) eine negative Reaktion (z. B. Angst, Vermeidung, Wut). Wir handeln in diesem Zustand nicht frei.

Sie können mit der Methode des EFT (Seite 130) die im Körper festgehaltenen Problem-Energien wieder befreien. Das bringt mehr Energie und mehr Harmonie. Unser Energiekreislauf wird ausgeglichen, wir können Ängste und Stress besser überwinden und abbauen.

Um Blockaden aufzulösen, denken wir an ein bestimmtes Problem und klopfen in schneller Abfolge alle 17 Akupunkturpunkte (siehe Seite 133). Ergänzende Bewegungen mit den Augen, Summen von Melodien und Zählen sorgen für Ausgleich im Gehirn. Damit werden wir Überholtes und Belastendes endgültig los.

Das Klopfen der Energie-Punkte tut immer gut, auch wenn es nichts zu bearbeiten gibt. Es regt die Meridiane an, belebt und spendet Energien.

3. Lebensbereiche stärken – Positives verankern

Alles Leben unterteilt sich dem Wissen des I Ging zufolge in acht Energien, die sich symbolisch um ein Zentrum gruppieren. Alle 8+1 Lebenszonen sollten ähnlich gut und ausgewogen mit Energie versorgt sein, damit wir in Balance und Harmonie leben können.

Diagnostizieren Sie Ihren Energiestand mit den zwei Tests Balance-Check (Seite 44) und Energie-Profil (Seite 47). Damit erkennen Sie Ihre starken und schwachen Bereiche. Denken Sie sich Verbesserungsmaßnahmen für Ihre Problemzonen aus. Nützen Sie die Tipps aus diesem Buch (siehe Seite 69). Bestimmt fallen Ihnen noch einige andere Möglichkeiten ein. Erstellen Sie eine To-Do-Liste mit den wichtigsten Veränderungs- und Verbesserungs-Maßnahmen (Arbeitsblatt Lebensbereiche, Seite 196). Ermitteln Sie mit dem Muskeltest, was Priorität hat. Wichtig ist das klare, positive Ziel: mehr Energie im betreffenden Lebensbereich, aus Schwächen Stärken machen. Beginnen Sie am besten gleich anschließend mit den Veränderungen. Lösen Sie aber zuvor noch die zugrunde liegenden emotionalen Barrieren mittels EFT auf.

Ein Beispiel: Sie möchten Ihre Arbeitszeit besser nutzen, verfallen aber immer wieder ins Trödeln. Bearbeiten Sie in diesem Fall das Thema Zeitvergeudung mit EFT, bevor Sie Ihre Zeiträuber eliminieren und Ihre Tagesplanung verbessern.

Das ist aber nur die Hälfte des Erfolges. Genauso wichtig ist, womit Sie den gewonnenen Raum auffüllen. Verankern Sie Ihre positiven Ziele genauso leidenschaftlich, wie Sie die alten Belastungen rausgekitzelt und eliminiert haben. Sobald Sie auf Ihrer Skala der emotionalen Glaubwürdigkeit ein bestimmtes Ziel als vollkommen glaubwürdig betrachten (9 oder 10), verankern Sie es mit EFT in Ihrem Energiesystem. Dazu denken Sie intensiv an die positive Zielaussage und klopfen erneut alle 17 Punkte durch. Freuen Sie sich, dass Sie es geschafft haben! Visualisieren Sie sich selbst, wie Sie Ihr erreichtes Ziel genießen.

4. Mit Stress besser umgehen

Werden die Menschen «verheizt»?

Wir überhören im alltäglichen Trubel leicht die natürlichen Warnsignale, mit denen der Körper auf beginnende Erschöpfung hinweist. Stattdessen brühen wir uns rasch die nächste Tasse Kaffee auf oder greifen zur Tablette. Diese Strategie ist ziemlich unsinnig. Anstatt dem Körper die Chance zu geben, sich selbst wieder ins Lot zu bringen, verstärken wir das Problem jeden Tag noch weiter. Wir tun so, als ob alles in Ordnung ist. Wir arbeiten weiter wie bisher. So wird das Ungleichgewicht von Tag zu Tag nur noch größer.

Während ein bisschen Stress sogar positiv wirken kann, beeinträchtigt ein Übermaß an Stress nachweislich das Immunsystem (Vergleichen Sie dazu: D. Padgett, R. Glaser: «How stress influences the immune response.» Review. Trends Immunol 2003; 24: S. 444–448). Der Körper produziert dadurch weniger Krankheit abwehrende Killerzellen. Stattdessen entstehen mehr freie Radikale. Wir werden auf diese Weise anfälliger gegen Krankheiten und altern auch noch schneller. Das muss nicht sein!

Ist es nicht umgekehrt viel besser? Je entspannter ein Mensch ist, desto mehr Immunglobulin bildet sich im Körper. Ein wacher, entspannter und ausgeglichener Zustand ist daher erstrebenswert. Das gilt für den Beruf und unser Privatleben.

Mangelnde Regeneration

Es klingt unglaublich: Unser größtes Problem sind weder mangelnde Ausbildung, fehlende Motivation oder falsche politische und wirtschaftliche Entscheidungen. Es ist vielmehr die fehlende Regeneration, die alles in unserem Leben schwieriger macht, als es sein müsste. Die fehlende Erholung ist zu einem gesellschaftlichen Problem ersten Ranges geworden! Sportler und Sportlerinnen wissen, dass Spitzenleistungen nur nach ausreichender Regeneration möglich sind. Ausgebrannte Athleten sind zudem anfälliger für Verletzungen. Was im Sport gilt, hat auch im Beruf seine Richtigkeit. Selbst, wenn es am Arbeitsplatz ganz gut läuft – auch private Probleme können Menschen so schwächen, dass man Pleiten und Pannen regelrecht anzieht.

Wer nicht abschalten kann, kumuliert schwächende Energien im Körper. Das hat schlechteren Schlaf zur Folge, dadurch werden wir immer müder. Schleichend gehen uns dann in allen Lebensbereichen die förderlichen Energien aus. Eine negative Spirale fängt an sich zu drehen.

Das muss nicht sein. Jeder Mensch kann sich die für ihn wirksamsten Energy-Tools zusammensuchen. Wir schaffen uns damit vitale Lebens- und Arbeitsenergien und tun uns selbst viel Gutes.

Die folgenden «Erste-Hilfe-Maßnahmen» eignen sich sowohl für die Vorsorge als auch für den Akutfall.

- Trinken Sie viel gutes Wasser (Seite 173).
- Aktivieren Sie mehrmals täglich Thymus und Heilenden Punkt.
- Wenn es heiß hergeht: dreimal tief ein- und ausatmen.
- Machen Sie Konzentrationsübungen.
- Gewöhnen Sie sich Entspannungsübungen an.
- Aktivieren Sie gelegentlich die EFT-Punkte (Seite 133) – denken Sie dabei an etwas Schönes.
- Bringen Sie mit Überkreuzbewegungen Ihre Gehirnzonen in Harmonie (Seite 151).
- Wenden Sie die Energy Tools an (Seite 164).

Ausblick: Ihr zukünftiges «Energie»-Leben

Energie gehört jener geheimnisvollen Sphäre an, die wir heute mit Hilfe der Quantenphysik zu erforschen und beschreiben versuchen. Vieles ist noch ungeklärt, doch eines gilt als sicher: Hier gibt es keinen linearen Zeitbegriff, wie wir ihn kennen. Es ist nämlich so: Die Zeit heilt in Wirklichkeit keine Wunden. Aber: Unsere Intentionen und Gedanken können das. Sie setzen unglaubliche Dinge in Bewegung. Sogar Kinder sind dazu in der Lage. Wir sehen es oft: Auf Weinen folgt Lachen – in einem Augenblick. Warum gelingt Kindern dies? Sie halten die meisten Emotionen nicht lange fest. Sie verankern sich nicht als negative Energie im Körper. Kinder lassen sich rasch vom nächsten Gedanken, Ereignis etc. ablenken – Zeit hat für Kinder eine andere Dimension. Emotional ist alles jetzt. Ein Kind verändert ständig seine Realität. Es muss das nicht lange beschließen, es ist einfach so.

Energie will fließen, so ist sie beschaffen. Lösen wir blockierte Energien, fließt ein Strom an neuen Erlebnissen, Gedanken, Begegnungen und Chancen in unser Leben. Er führt uns subtil in eine andere Richtung, die wir freiwillig vielleicht nie eingeschlagen hätten.

Alles, worauf wir unsere Aufmerksamkeit lenken, verändert sich schon allein dadurch. Es ist wie bei einem wissenschaftlichen Experiment: Man geht davon aus, dass der oder die Durchführende das Ergebnis mit seinen oder ihren Erwartungen beeinflusst. Das ist übrigens ein Phänomen, das wir als «Selffulfilling Prophecy» auch aus unserem Alltag kennen.

Im Hinblick auf Business Energy bedeutet das: Auch wenn es unglaublich klingt – Ihr Leben kann und wird sich allein deshalb zum Besseren verändern, weil Sie es so beschließen! Akzeptieren Sie Ihre normalen, menschlichen Unzulänglichkeiten und Bedürfnisse. «So what», würden die Amerikaner sagen, sich umdrehen und loslegen. Wichtig ist: Werden Sie alsbald aktiv. Überlisten Sie Ihre Zweifel, indem Sie sich zunächst über plausible und einfache

Wünsche und Probleme hermachen. Das sorgt für die so wichtigen ersten Erfolgserlebnisse und schafft Selbstbewusstsein. So trauen Sie sich beständig mehr zu und halten bald auch ausgefallenere Ziele für möglich.

Was Sie tun und wie Sie das tun, ist zwar bedeutsam, aber nicht immer das Wichtigste. Viel wichtiger ist, dass in Ihnen ein klarer, eindeutiger, über jeden Zweifel erhabener Wunsch lodert – Ihr Ziel. Egal, ob es sich um den großen Lebensfahrplan oder ein winziges Teilziel handelt: Überlegen Sie gut, wofür es sich lohnt, Ihre Energien einzusetzen. Dann entscheiden Sie sich. Ab nun gibt es nur mehr eine Richtung. Ist der Pfeil abgeschossen, soll man sich ihm nicht mehr in den Weg stellen.

Ich habe die hier im Buch vorgestellten Energy-Tipps subjektiv ausgewählt. Sie zeigen meine Sicht der Dinge und sagen natürlich auch viel über mich aus. Hoffentlich ist es mir gelungen, Sie zu motivieren, Ihren eigenen Weg zu erforschen und zu begehen. Dennoch: Meine Welt ist anders als Ihre. Finden Sie Ihre eigene Realität. Vielleicht starten Sie ja mit den hier vorgestellten Tipps und biegen unterwegs auf Ihren persönlichen Highway ab. Vielleicht finden Sie einen ganz anderen Zugang.

Probieren Sie aus, was Ihnen zusagt. Ihr persönliches Erleben und Ihre Bedürfnisse sind dabei ebenso wichtig wie Ihre Intuition, Ihr Geschmack und alles andere, was Sie als Mensch ausmacht.

Noch etwas zum Abschluss: Es ist verständlich, wenn Sie sich manchmal wegen der Ereignisse in der Welt, wegen beruflichem oder privatem Druck schwach fühlen. Und: Nichts an Ihnen ist falsch, wenn Sie anders sind als andere Menschen. Im Gegenteil: Genießen Sie Ihre Individualität! Gestalten Sie Ihr Leben so, wie es Ihnen entspricht. Sind Sie mit einer Situation unzufrieden, bedeutet das lediglich: Sie sollten Ihr Vorgehen ändern. Veränderung ist definitiv spannender, als ständig das Gleiche zu tun. Wer sich der notwendigen Wandlung stellt, erhält Energie und Lebendigkeit als

Belohnung. Freuen Sie sich: Jede bewältigte Herausforderung, jede überschrittene eigene Grenze bringt frischen Wind in Ihr Leben.

Fließt Ihr Energiestrom erst einmal, werden Sie täglich ein bisschen mehr von dieser wunderbaren Energie aufnehmen. Schließlich ist sie nicht nur in rauen Mengen vorhanden, sondern auch für jeden verfügbar. Geben Sie also nicht auf! Was andere belastet, krank macht oder ihnen Energie raubt, wird für Sie zunehmend nebensächlich. Sie bleiben zentriert in Ihrer Mitte – Stress und Belastungen werden immer weniger ein Thema in Ihrem Leben sein. Sie sehen: Wir haben es selbst in der Hand, was wir aus unserem Leben und unseren Möglichkeiten machen.

Erinnern Sie sich an das Resonanzgesetz – Sie werden immer mehr von dem erreichen, worauf Sie Ihre Energie und Aufmerksamkeit lenken. Bleiben Sie daher dran! Streben Sie kontinuierlich auf den Gold- oder Platin-Energiestatus zu (Seite 51). Das ist machbar, ganz gleich, wo Sie jetzt stehen. Sie werden es selbst erleben: Von Tag zu Tag werden Sie vieles souveräner und energiereicher meistern, als Sie es sich je erträumen hätten können. Was Sie heute noch als schwächend erleben, verliert durch Business-Energy-Training seine Macht, wird neutralisiert und ausgeglichen. Mit zunehmender Stärke wächst Ihre Aura, Ihr Charisma, Ihre Selbstsicherheit. Freuen Sie sich auf viele neue Möglichkeiten! Freuen Sie sich auch auf mehr Glück, Lust und Freude. Das ist das Geschenk des Lebens – und das große Ziel des Business-Energy-Trainings. Dafür lohnt es sich, aktiv zu werden. Go for it!

P.S.: Ich freue mich auf Ihre Erfahrungsberichte.
Besuchen Sie mich unter:
www.business-energy.de

Literaturtipps

Anthony, Carol K.: I Ging – Das kosmische Orakel; Atmosphären 2004.

Batmanghelidj, Fereydoon: Sie sind nicht krank, Sie sind durstig!; VAK 2003.

Bauer, Joachim: Warum ich fühle, was Du fühlst; Hoffmann und Campe 2005.

Benesch, Horst; Klopf dich gesund; Kösel 2005.

Bischof, Marco: Biophotonen – Das Licht in unseren Zellen; Zweitausendeins 2005.

Brandmeyer, Elke; Köhler, Bodo: Licht schenkt Leben – Lebensenergie und Gesundheit durch richtiges Licht; Natura Viva 2001.

Bruch, Heike; Vogel, Bernd: Organisationale Energie; Gabler 2005.

Csikszentmihalyi, Mihaly: Das Flow-Erlebnis; Klett-Cotta 2005.

Damasio, Antonio R.: Der Spinoza-Effekt; Wie Gefühle unser Leben bestimmen; List 2005.

Dennison, Gail und Paul: Brain-Gym fürs Büro; VAK 2004.

Diamond, John: Die heilende Kraft der Emotionen; VAK 2001.

Diamond, John: Lebensenergie in der Musik; VAK 2002.

Diamond, John: Der Körper lügt nicht; VAK 2001.

Dyer, Wayne: Mit Absicht; Goldmann 2005.

Förster, Anja; Kreuz, Peter: Different Thinking; Redline Wirtschaft 2005.

Gershon, Michael: Der kluge Bauch – Die Entdeckung des zweiten Gehirns; Goldmann 2001.

Gladwell, Malcolm: Blink! Die Macht des Moments; Campus 2005.

Gladwell, Malcolm: Tipping Point. Wie kleine Dinge Großes bewirken können; Goldmann 2002.

Helemann, Silvio: Ständig unter Strom – Erste Hilfe bei Elektrosmog; Spirit-Rainbow 2004.

Klein, Stefan: Die Glücksformel; Rowohlt 2002.

Kröger, Ilona: Mit Leichtigkeit zum Nichtraucher; VAK 2005.

Libet, Benjamin: Mind Time – Wie das Gehirn Bewusstsein produziert; Suhrkamp 2005.

Lombard, Jay; Renna, Christian: Das Body & Brain Programm – für mehr Ausgeglichenheit und Wohlbefinden; Goldmann 2005.

Meister Wangs Fingerspiele; VGS 2002.

Moser, Franz: Bewusstsein in Raum und Zeit; Leykam 2001.

Müller, Mokka: Das vierte Feld; Mentopolis 1998.

Nefiodow, Leo A.: Der sechste Kondratieff; Rhein-Sieg 1999.

Pert, Candace B.: Moleküle der Gefühle – Körper, Geist und Emotionen; Rowohlt 2001.

Peters, Tom: Tom Peters Essentials: Design; Dorling Kindersley 2005.

Popp, Fritz-Albert: Die Botschaft der Nahrung; Zweitausendeins 2005.

Rollé, Dominik: Elektrosmog – Störquellen erkennen, Gesundheitsrisiken vermeiden; AT 2003.

Sator, Günther: Feng Shui – Die Kraft der Wohnung entdecken und nutzen; GU 2005.

Sator, Günther: Feng Shui – Die verborgene Kraft des Arbeitsplatzes; Signum 1998.

Sator, Günther: Feng Shui – Harmonisches Wohnen mit Pflanzen; GU 2004.

Sator, Günther: Feng Shui – Leben und Wohnen in Harmonie; GU 2004.

Sheldrake, Rupert u.a.: Denken am Rande des Undenkbaren; Piper 2004.

Verbraucherzentrale NRW: Gesund wohnen – Schadstoffe beseitigen; o. J.

Wiseman, Richard: So machen Sie Ihr Glück; Mosaik 2003.

Sachregister

Auswertungsblatt Selbsttests

Zone	Balance Check (x)	Energie-Profil (Punkte)	Muskeltest (Punkte)	Meine Fokus-Zonen (*)
1				
2				
3				
4				
5				
6				
7				
8				
9				

Arbeitsblatt
Probleme lösen – Positives verankern

Lebensbereich
(zutreffendes bitte
ankreuzen)

☐ 1 – Karriere ☐ 4 – Wohlstand ☐ 7 – Projekte
☐ 2 – Partner ☐ 5 – Zentrum ☐ 8 – Lernen
☐ 3 – Familie ☐ 6 – Freunde ☐ 9 – Ansehen

	Beispiel			
Datum	12.2.			
Energiestatus (lt. Energie-Profil)	10			
Ziel-status	14–15			
EFT-Problembeschreibung (1 Satz)	keine Zeit für die Familie			
EFT-Zielformulierung (1 Satz)	Jede Woche mindestens 15 Stunden Qualitätszeit			
Begleitende Maßnahmen	– Fixzeiten (Familienzeiten) im Terminkalender eintragen – Samstag zu Familientag machen			

Investieren Sie in sich selbst!

Wenn Erfolg für Sie mehr ist als bloß ein gutes Einkommen, finden Sie bei Europas führendem Energy-Experten Günther Sator die richtigen Tools:
*   erprobte Werkzeuge,
*   maßgeschneiderte Programme, keine Rezepte.

Alle Tools sind ergebnisorientiert und rasch umsetzbar – in allen Lebenslagen.

Ein MEHR an persönlicher Energie sorgt für …
= mehr Ausstrahlung & Anziehungskraft
= mehr Chancen & Kontakte
= mehr Geld & bessere Leistung
= mehr Vitalität & Gesundheit
= mehr Balance in Arbeit und Privatleben
= mehr Erfolg und Harmonie in ALLEN Lebensbereichen!

**Informieren Sie sich über die vielfältigen Tools und
Möglichkeiten von Business Energy:**

www.business-energy.de

Günther Sator GmbH
Bodenstätt 11
A-5163 Mattsee
Tel: 0043 (0)6217 592070
Fax: 0043 (0)6217 592079
office@business-energy.de